POBIA

Étude Géographique d'un Village Crétois

POBIA

Étude Géographique d'un Village Crétois

PAR

GUY BURGEL

Agrégé de l' Université
Expert du Centre des Sciences Sociales d'Athènes

Préface du Professeur
STRATIS G. ANDRÉADIS
Président du Centre des Sciences Sociales d'Athènes

Ont participé à l'enquête sous la direction de l'auteur

C. Anguelopoulos	T. Christias	N. Panos
H. Argyriadis	N. Constantopoulos	G. Papadopoulos
L. Bloch	A. Dania	P. Papazotis
N. Boucherie	G. Daratos	A. Tsiras
G. Burgel	D. Lascaratos	R. Tsitsikli

Les cartes ont été dessinées par Monsieur R. Vaternelle
Cartographe de l' Institut Géographique National (Paris)

CENTRE DES SCIENCES SOCIALES D'ATHÈNES

ATHÈNES 1965

...à Galia

PRÉFACE

L'étude de Pobia prend rang parmi les recherches du Centre des Sciences Sociales d'Athènes, dont le programme est orienté vers les besoins d'information et de diagnostic de la planification nationale et régionale. Le village étudié se trouve dans la Messara, qui est actuellement au centre des préoccupations de l'Organisme de Développement Économique et Social de la Crète.

Pobia est un village de 1 700 habitants, situé sur le piémont de l'Astéroussia. Monsieur Burgel, à la tête d'une équipe de 14 enquêteurs, a séjourné au village pendant l'été 1964 et ce livre est le fruit des recherches qu'il a menées sur le terrain. Comme le lecteur aura plaisir à le constater, cette étude nous donne une vue profonde des problèmes du village, problèmes des relations entre homme et espace, problèmes des possibilités et des obstacles psycho-sociologiques, problèmes des mentalités et des mécanismes des changements sociaux. Dans son étude, le géographe n'oublie pas —comme il l'exprime lui-même dans son introduction— que l'élément essentiel reste toujours «les hommes et leurs problèmes»: «il ne sert à rien, souligne-t-il, de s'étendre sur les solutions, si les hommes et leurs mentalités les rendent caduques dès avant leur application» et d'ajouter: «il est plus facile de manier les statistiques que d'essayer de comprendre la vie». Je note cette phrase de l'auteur, parce qu'elle est caractéristique d'une étude, qui d'un bout à l'autre reste l'illustration de ces principes.

C'est ainsi que le livre de M. Burgel se distingue éminemment par le souci d'analyse totale *et une heureuse application de la méthode anthropogéographique: les dimensions économiques et démographiques sont examinées dans leurs interactions réciproques, tandis qu'est amorcée l'étude sociologique et surtout posés et mis en relief les problèmes sociologiques.*

Cet effort de synthèse nous offre donc un vrai début de compréhension de la situation au village. D'ailleurs, la dynamique sociale est fouillée non seulement au niveau de la commune et de sa région mais débouche aussi sur un rayonnement plus large: département, île entière, voire même espace national et international (commercialisation des produits agricoles, migrations extérieures).

Ce souci d'analyse totale est allié à la négation de tout dogmatisme de méthode. *L'auteur emploie en même temps le questionnaire, conçu comme base d'une conversation dirigée et non comme questionnaire fermé, et les techniques plus larges de l'observation simple et «participante» de l'enquête directe. Ainsi sont comblées les lacunes et contrôlée la véracité des informations. L'auteur tire profit de la photo aérienne et des techniques cartographiques pour pallier l'absence de cadastre, des archives et des registres de la commune et du collège, des dossiers personnels de la Banque Agricole, des Recensements de population et de l'agriculture. Ces données socio-économiques s'étendent aux villages voisins, qualifiés de «villages-témoins». En outre, l'auteur remanie toutes ces données, les élabore pour éliminer les éléments suspects et combler les lacunes de l'information; ainsi obtient-il la mise en lumière totale, interprétative et raisonnée, des phénomènes: natalité, fécondité et nuptialité, pour ne citer qu'un exemple.*

J'aimerais aussi mettre l'accent sur un autre caractère très important, à mon sens, du livre de M. Burgel: la quête de l'histoire *dans l'explication des phénomènes socio-économiques. Bien que l'étude soit tournée vers l'avenir et que les résultats montrent la singulière accélération des phénomènes depuis une vingtaine d'années, l'auteur ne néglige pas, tant sur le plan économique que démographique, le recours à l'histoire, si difficile fût-il. C'est l'itinéraire indispensable pour nous faire découvrir les causes cachées de l'évolution sociale, et nous offrir une analyse plus profonde des mentalités, qui nous permet une meilleure appréciation des éléments traditionnels et des résistances aux changements sociaux, mais aussi une conception plus claire des phénomènes d'accélération et une mesure plus sûre de leurs dynamismes futurs. M. Burgel accorde ainsi une attention particulière à la dimension historique des transformations entre autres et des valeurs économiques et démographiques, puisant ses informations dans Pitton de Tournefort (1717) aussi bien que dans Lambrinakis (1890), avant de tirer parti des données du XXe siècle.*

* * *

Dans la première partie *de l'étude, l'auteur décrit les cadres matériels de la vie au village, suivant les principes de l'école française de géographie (Paysages et Genres de vie). Cette analyse permet de montrer que Pobia passe par une période d'évolution rapide, caractérisée par la «dissociation des vieux genres de vie», qui coexistent avec des genres de vie nouveaux en cours d'élaboration. Cette dissociation, évidente au niveau de l'habitat et de l'activité économique, provoque, comme le remarque pertinemment l'auteur, «une remise en question des équilibres traditionnels». Une analyse brève, mais très pénétrante, de l'économie et de la société rurales présente la réalité actuelle du village. Dans ce chapitre sont exposées les formes principales de l'exploitation agricole (cultures et élevage), décrites les structures agraires et esquissé, dans une «reconstitution du paysage social du village», un tableau des groupes sociaux à Pobia. Cette analyse complète la première image et les conclusions sont particulièrement éclairantes: déséquilibres des structures économiques et sociales, coexistence de systèmes de cultures archaïques avec des innovations techniques certaines (motoculteur, par exemple), liaison de la commune avec un marché supra-national, surtout addition d'une nouvelle dimension qualitative aux inégalités sociales existantes.*

La deuxième partie *de l'étude, sous le titre général de l'Évolution Naturelle, contient une analyse détaillée de l'évolution économique et démographique, marquée par un effort pour faire «dialoguer» économie et démographie, comme l'auteur le dit lui-même. L'auteur examine d'abord les caractéristiques de l'économie, jusqu'au rattachement de la Crète, dans la mesure où il a pu reconstituer par des sources complémentaires une évolution, qui, cela va de soi, ne se réfère plus spécialement à Pobia, mais à la Messara, voire à l'île tout entière. Il conclut que la «libération économique et sociale a précédé la révolution politique mais a coûté cher et a hypothéqué les chances de rénovation»: à l'époque où l'Occident connaît le triomphe de la révolution industrielle, la Crète entière s'enlise dans une agriculture traditionnelle de marché semi-colonial. Les transformations économiques depuis 1914 aboutissent à définir les traits fondamentaux:*

a) retard des changements techniques profonds, dû aux causes politiques; mais ce retard devient, du fait de la longue accoutumance aux perspectives de marché et de spéculation foncière, la base de la révolution économique actuelle.

b) introduction dans l'économie du village de techniques nouvelles de commercialisation et de culture, liées aux sultanines, qui amènent un renforcement des disparités sociales.

L'évolution démographique confirme les conclusions de l'auteur sur la stagnation, la léthargie et le dépérissement progressif de la commune. Les relations dialectiques entre économie et démographie sont maintenant sous la dépendance des facteurs démographiques. La conclusion de cette analyse démographique est pessimiste: «la crise démographique est plus grave que la crise économique». L'une est «sélective», l'autre est «totale»: chute de l'accroissement, bilan naturel déjà négatif, accélération des migrations. «Si l'on n'intervient pas rapidement, le vieillissement de la population et l'hémorragie humaine rendront impossible toute tentative de rénovation économique».

du sous-emploi et du dépérissement définitif. Les solutions fausses et à la mode que sont le tourisme fondamental et l'émigration sont critiquées; de même sont combattues certaines erreurs: croire que l'exode rural conduit toujours à une amélioration de la vie de ceux qui restent, penser que les difficultés à trouver de la main-d'œuvre agricole proviennent des conditions démographiques.

L'auteur suggère la recherche des solutions dans l'aménagement des structures agraires, qui retiendra au village des éléments dynamiques et permettra de résoudre les problèmes du manque de main-d'œuvre, qui sont toujours relatifs aux conditions techniques d'exploitation.

* * *

Voilà le profil d'ensemble d'un livre que j'ai l'honneur de présenter dans la série des éditions du Centre des Sciences Sociales d'Athènes. C'est une étude brève, mais très dense, marquée du sceau d'un esprit de synthèse, qui cherche les corrélations dans toutes les directions et à tous les niveaux de la vie sociale. On pourra avoir des points de vue différents sur tel ou ou tel point particulier ou sur les conclusions de l'étude. Mais on garde en tout cas le sentiment que les analyses de l'auteur conduisent à rejeter les solutions faciles et rebattues et poussent à la réflexion systématique et à la recherche approfondie. C'est là certainement le principal mérite d'un livre, dont la valeur ne saurait être surestimée.

Professeur STRATIS G. ANDRÉADIS
Président du Centre des Sciences Sociales d'Athènes

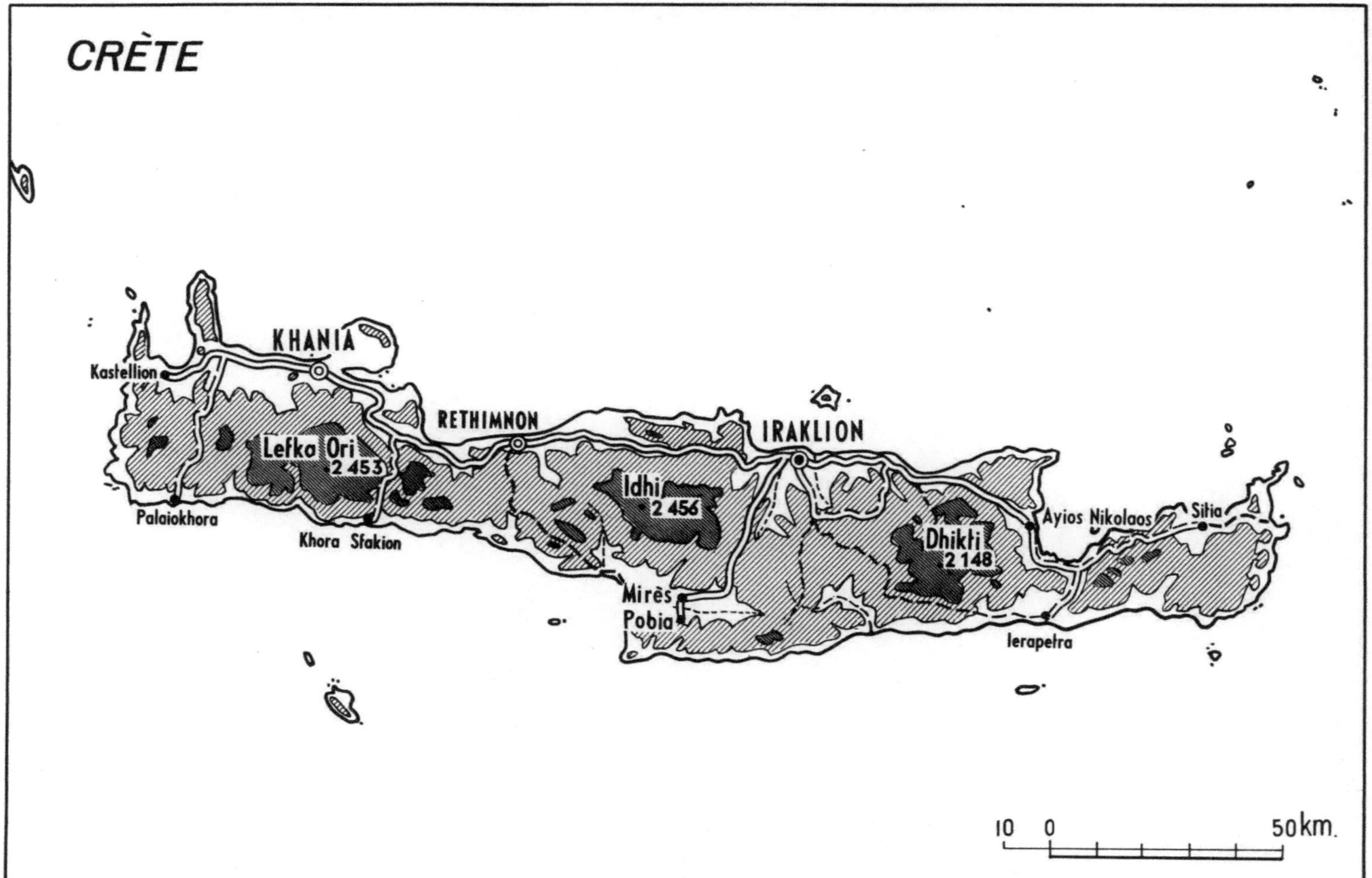
CRÈTE
KHANIA
Kastellion
RETHIMNON
IRAKLION
Lefka Ori
2 453
Idhi
2 456
Dhikti
2 148
Palaiokhora
Khora Sfakion
Mirès
Pobia
Ayios Nikolaos
Sitia
Ierapetra
10 0 50 km.

Carte No 1

INTRODUCTION

A bien des égards, la Crète offre un condensé du monde méditerranéen: aux montagnes arides, vouées à une agriculture et un élevage extensifs s'opposent de petites plaines littorales ou intérieures, très souvent en voie de colonisation, où l'irrigation est en train d'assurer le triomphe d'une économie rurale, sinon moderne, du moins minutieuse et spéculative (Carte 1). Au sud de l'île, la plaine de Messara s'inscrit difficilement dans cette opposition. Par ses dimensions, d'abord. Pour le voyageur qui l'aborde du Nord, par la route d'Iraklion, au sortir des collines qui séparent l'Idhi du Dhikti, la Messara, c'est d'abord un immense gouffre de lumière qui surgit au regard, très souvent estompé par un léger voile de brume. Vers le Sud, le paysage est à nouveau bordé par la masse sombre de l'Astérousssia (ou Kophinas), mince barrière montagneuse qui sépare la Messara de la Mer Libyenne. Avec ses 50 km de longueur étirés sur 5 à 6 km de largeur, la Messara prendrait, à l'échelle de l'île, des allures de Grande Vallée, si l'indigence du Iéropotamos et de l'Anapodiaris, qui la drainent vers l'Ouest et vers l'Est, ne rendait pas illusoire l'emploi de ce terme. Même originalité, quand on descend dans la plaine et que l'on regarde les cultures. La Messara contemporaine ne fait pas mentir sa réputation antique et moderne de grenier à blé: à la fin du printemps, elle ondule sous les moissons et dès le début de Juillet, les chaumes envahissent le paysage. Certes, l'olivier n'est pas absent, garnissant de sombre l'axe de la plaine, de Platanos à Timbaki, non plus que quelques spéculations méditerranéennes, des sultanines du piémont de l'Astéroussia aux primeurs de la région de Timbaki. Mais la subsistance d'une céréaliculture massive est un trait marquant de la Messara et si l'on voulait une référence à la Méditerranée Occidentale, malgré ses quelques mètres d'altitude, la Messara évoque plus les paysages de Castille que les huertas du Levant ibérique.

Située à 35° environ de latitude Nord, la Messara connaît en plus accentuées les insuffisances naturelles du milieu méditerranéen. C'est déjà une zone sub-aride: à Pobia, sur le piémont de l'Astéroussia, la hauteur annuelle moyenne des pluies est inférieure à 500 mm (497 mm de 1953 à 1963) (1). Encore cette moyenne recouvre-t-elle des extrêmes très éloignés: en 1954, il est tombé 823 mm de pluie à Pobia, en 1958 318 mm seulement. Les années de sécheresse, la récolte de céréales est compromise, et, comme il y a souvent succession d'années sèches, les rendements tombent de plus en plus bas, les réserves du sol s'épuisant. L'irrégularité des pluies rend dangereux l'emploi d'engrais au printemps: si l'eau se fait attendre, l'engrais brûle irrémédiablement les plantes. Si l'année est trop pluvieuse, il faut multiplier les sulfatages de la vigne, dans l'espoir d'enrayer le mildiou. Évidemment, les précipitations sont très irrégulièrement réparties dans l'année; Juin, Juillet et Août sont totalement secs; en fait, Avril, Mai et Septembre ne reçoivent que des quantités de pluie tout à fait négligeables; les six autres mois d'automne et d'hiver concentrent plus de 80% du total des précipitations; Décembre et Janvier comptent toujours plus de 40%, souvent plus de 50% des pluies. C'est une véritable saison des pluies, qui commande le rythme de la vie agricole: il faut se hâter de labourer avant les premières grosses pluies, afin de préparer le sol; il faut semer le plus tôt possible, pour que la pluie fasse germer la graine et ne la pourrisse pas.

La répartition des températures accentue encore ces irrégularités saisonnières. L'hiver est doux et permet la culture de primeurs (moyenne de Janvier à Pobia: 13°, Février: 12°). Le printemps est très court: avec 24°5 de moyenne, Mai est déjà un mois estival, qui dore les blés et mûrit les orges. L'été est torride: 27° en Juin, 29 en Juillet, 30 en Août. L'élévation extrême des températures ajoute encore à la sécheresse estivale; l'évaporation devient très importante, pendant des semaines le ciel reste désespérément serein et le paysage prend un aspect de désolation caractéristique: tout est brûlé, le sol se réduit en poussière et colle aux êtres et aux choses. Seule, la brise de montagne raffraîchit les villages de versant et rend plus supportable la canicule. Entre la moisson et la vendange, c'est la saison des grands repos de la terre et des hommes.

Le problème capital pour la mise en valeur de la région reste donc celui de l'alimentation en eau: il faut la fournir à la terre

---

(1) Statistiques météorologiques du collège de Pobia.

au moment où elle en a besoin. Les autres insuffisances naturelles apparaissent en effet moins graves. Les sols de la Messara sont riches en éléments calcaires, pauvres, il est vrai, en azote, phosphore et potasse. Dans l'état actuel de l'économie, ces carences sont importantes; on manque d'engrais naturels, d'engrais chimiques surtout, pour donner ou pour rendre à la terre sa fertilité. Mais dès que l'eau valorisera la terre, tout cela peut s'améliorer assez rapidement. D'autant que la Messara, tout au moins autour de Mirès, semble épargnée par une autre malédiction de la nature méditerranéenne: les marques de l'érosion des sols, si évidentes dans les collines tertiaires du bassin d'Iraklion, sont ici assez rares. La topographie en est certainement responsable. La nature est donc loin d'être tout à fait hostile: vaste dépression allongée au pied de ce château d'eau crétois qu'est l'Ïdhi, la Messara mérite certainement mieux que sa réputation actuelle.

Riche en possibilités mais finalement sous-exploitée, la Messara suscite actuellement des efforts d'aménagement, notamment de l'Organisme de Développement de la Crète. C'est dans le cadre de cette campagne que le Centre des Sciences Sociales d'Athènes a entrepris la présente étude. Pourtant, l'enquête a été conçue de façon classique. Nous avons cru, et nous persistons à penser, que l'étude d'un village apprendrait finalement plus sur les gens et leurs problèmes qu'une recherche à l'horizon plus large, mais forcément plus extensive. De même, on ne s'étonnera pas dans un rapport, destiné en principe à l'aménagement régional, de trouver d'importantes considérations historiques: il ne sert à rien de s'étendre sur les solutions, si les hommes et leurs mentalités les rendent caduques dès avant leur application. Nous espérons simplement que les lecteurs voudront voir là plus qu'une monographie de village, un exemple de la complexité des rapports entre les hommes et leur milieu, partant de la nécessité de semblables enquêtes à côté des études générales pour la réussite d'une politique de développement. Ajoutons que ces enquêtes réclament une organisation souvent difficile à réaliser: la vie d'une dizaine d'enquêteurs dans un village grec pose des problèmes qui ne sont pas tous matériels, si tant est qu'il est plus facile de manier les statistiques que d'essayer de comprendre la vie.

* * *

Pobia, il faut l'apercevoir de l'acropole de Phaistos. Dans la série de villages qui jalonnent le pied de l'Astéroussia, il se distingue par son importance, et légèrement détachée en avant, la présence insolite d'un grand bâtiment, que l'on reconnaît ensuite pour être le collège. Aussi bien Pobia est représentatif de la structure de l'habitat en Messara centrale: excepté Mirès, ancien bazar turc promu au rang de petit centre régional, partout, au Nord et au Sud, les villages fuient le centre de la plaine, pour s'installer au pied de la montagne. Avec son collège, les quelque 1 700 habitants que lui prête le Recensement de 1961, Pobia pose au premier chef le problème des rapports entre habitat et espace cultivé. Pobia a longtemps bénéficié de son site; la plus grande salubrité du climat assurait une protection efficace contre les fièvres; jusqu'à la fin du XIXe siècle, ces villages de piémont ont joué en Messara leur rôle de refuge contre les raids turcs(1); enfin longtemps, nous le verrons, au site de versant répondait une économie agricole de versant. Aujourd'hui la montagne est abandonnée, la plaine concentre les efforts, mais l'habitat n'a suivi que très timidement cette avalisation progressive des systèmes de cultures. Au pas de l'âne et de la chèvre, il faut une heure et plus pour aller du village dans la plaine. Que l'on ajoute l'exiguïté et le morcellement de l'exploitation, et l'on verra que ce problème cesse d'être un débat académique entre habitat et structure agraire pour se révéler un des véritables obstacles au développement économique.

Ainsi posée, la situation peut paraître simple. Une visite rapide du village confirme cette impression, au point de décourager d'abord l'amorce d'une étude plus approfondie. Uniformité de la vie au village, où la médiocrité de l'habitat répond à l'apparente unité des attitudes et des genres de vie. Même uniformité dans les systèmes de cultures: au versant d'agriculture sèche s'opposent les terroirs de plaine irrigués ou irrigables. Mais cette uniformité est trompeuse. Il y a des riches et des pauvres à Pobia, même si les premiers vivent presque aussi mal que les seconds; il y a de petits paysans qui vivent en économie quasi fermée et des exploitants relativement aisés qui vendent plusieurs tonnes de raisins secs. Tout ce monde a beau boire l'ouzo(2) ensemble le soir au café et n'avoir pas clairement conscience de ses différences internes, il n'en réagit pas moins inégalement devant les problèmes de l'heure: engrais, mécanisation ou émigration. Demain, ses réactions risquent d'être encore plus diversifiées devant les initiatives administratives.

C'est là poser la dernière série de problèmes. Quelles sont les chances de changement? Tout d'abord, cette société rurale n'est pas forcément figée. Si elle évolue d'elle-même, il convient d'en étudier les modalités et les résultats. Si cette évolution naturelle se révèle insuffisante, il s'agit de préconiser des solutions ou plus exactement car nous n'avons pas à remplacer le politique, de souligner les insuffisances actuelles et de proposer les

---

(1) N. Kazantzakis. La Liberté ou la Mort.

(2) Anisette grecque.

moyens d'y rémédier. Bref, notre propos pourrait se résumer assez facilement: essayer d'aborder tous les aspects de la vie du village avant d'esquisser des perspectives d'avenir.

* * *

En l'absence de toute connaissance préalable du milieu étudié, l'enquête a été menée sans esprit préconçu. Au risque de perdre une certaine précision statistique, nous avons préféré ne pas laisser échapper les problèmes qui ne manquaient pas de se poser et de se préciser au cours même de l'étude. Dans cette première appréhension de la vie du village, mieux valait une assez lente communion avec la réalité qu'un placage artificiel de catégories élaborées dans le bureau. Nous avons ainsi dépouillé toutes les ressources d'archives de la commune et du collège. Sans entrer dans l'examen critique de ces sources qui sera dressé chemin faisant, soulignons l'intérêt qu'elles présentaient pour l' évolution démographique et même sociologique du pays. Il manquait à cela la dimension économique. Un questionnaire très souple a été appliqué dans 200 familles du village. Le lecteur intéressé pourra en trouver une copie en annexe. Après un rapide exposé des conditions générales de la famille (composition, logement, origine), il s'agissait essentiellement d'un questionnaire d' exploitation, visant à pallier l'absence de cadastre dans la commune et à donner des renseignements précis sur les systèmes de cultures employés. Insistons sur le fait que ce «questionnaire» était plus une conversation dirigée qu'une suite achevée de questions. Là encore on gagnait en vie ce que l'on perdait en précision. D'ailleurs, le dépouillement systématique des dossiers personnels de la Banque Agricole à Mirès fournissait un excellent document de comparaison, que nous analyserons en détail.

* * *

Avant d'entrer dans le vif du sujet, qu'il nous soit permis d'adresser nos remerciements à la Direction Générale des Affaires Culturelles du Ministère des Affaires Etrangères français qui nous a détaché en mission à Athènes, au Centre des Sciences Sociales qui a assuré le financement de l'enquête, au Professeur Jean Péristiany, qui a choisi avec nous le village étudié, à Monsieur Stavrianopoulos, Directeur Général du Ministère de la Coordination, qui a facilité de son influence nos prises de contact locales, ainsi qu'à toutes les autorités régionales et communales qui nous ont si aimablement accueilli. Monsieur Koukoumelis, ancien Directeur de l'Organisme de Développement de la Crète, a suivi d'un œil bienveillant nos efforts. Nous lui en sommes reconnaissant. Nous remercions également Monsieur Roger Vaternelle, artiste cartographe en mission à Athènes, qui a assuré avec compétence et gentillesse l'illustration de ce rapport, Melle Hélène Ghini, qui a bien voulu déchiffrer patiemment le manuscrit, notre camarade J. C. Bonnefond, qui, préparant une thèse sur la géographie physique de l'Ile, a accepté de relire le manuscrit et nous a fait bénéficier de ses conseils. Enfin, l'étude aurait été impossible sans l'équipe d'enquêteurs bénévoles, qui nous a assisté dans des conditions difficiles, impossible aussi sans l'adhésion affectueuse des habitants de Pobia: c'est finalement à eux que nous sommes le plus redevable.

PREMIÈRE PARTIE

LA SITUATION ACTUELLE

CHAPITRE PREMIER

PAYSAGES ET GENRES DE VIE

Le titre peut étonner. Pourtant cette notion de la géographie classique semble la plus propre à donner la première image concrète du village. A Pobia, les activités productrices, la vie économique si l'on veut, se diluent dans un univers qui paraît bloqué, figé dans le temps quotidien fait de longues discussions au café, de l'escargot bouilli, dégusté à toute heure en guise de repas, fortement arrosé d'ouzo ou de raki(1), de l'arrivée ou du départ du car d'Iraklion. Du décor familier, les femmes sont absentes, occupées à la maison plus à la tenue du ménage, aux soins des enfants et de la volaille qu'à la préparation des menus que l'on sait frugaux. Assis devant leur échoppe, les commerçants attendent longtemps le client, spéculant sur la vente de la boutique et un départ possible pour Athènes ou l'Allemagne, avant de débiter une boite d'allumettes, une dizaine de clous, dans le meilleur des cas un morceau de savon. Il y a bien, le matin et le soir, descendant à la plaine et en remontant, d'étranges théories de petits ânes montés en amazone, traînant derrière eux une chèvre ou un mouton. Mais quand on descend soi-même dans la plaine, on ne les retrouve pas, on chemine longtemps avec pour seul compagnon le ronronnement d'une pompe perdue quelque part dans les vignes. Cette impression de village mort, c'est le Pobia des jours de semaine, mais il y a aussi un Pobia des jours de fête, celui que nous avons découvert un samedi soir, avec les gens encombrant les rues pour la volta(2), les boutiques des barbiers pleines à craquer, et pourtant par là-dessus une étrange sensation de misère, peut-être à cause de quelques maisons en ruines qui déparent le centre du village. En tout cas, pareille animation nous ne l'avons retrouvée que le jour de notre départ, pour un enterrement, quand tous les hommes s'étaient regroupés, qui aux terrasses des cafés, qui sur le parvis de l'

(1) Eau de vie grecque.
(2) Promenade du soir; dans certaines villes on la fait tous les jours, à Iannina, par exemple, dans une aire strictement délimitée.

église, et que les femmes en noir parcouraient les rues, pour offrir les koliva[1].

Il y a donc en apparence, un véritable mystère de la vie de Pobia: quelles sont les ressources de cette communauté de plus de 1 500 personnes? Évidemmment l'atmosphère que nous venons de décrire très brièvement révèle par elle-même quelques uns des stigmates du sous-développement: sous-emploi, prolifération souvent parasitaire des petites boutiques. Mais elle témoigne en même temps des conséquences des structures rurales sur la vie quotidienne des individus; la vie de Pobia se dédouble en deux pôles, complètement distincts par le lieu et la fonction: le village, pour l'habitat, la consommation, les distractions, la plaine, pour la production. Parce qu'il n'y a pas ces liens intimes qui se tissent souvent entre le village et son finage, avec la présence d'activités productrices à l'intérieur du village, de bâtiments d' exploitation au milieu des habitations, il y a deux réalités qui cohabitent sans s'interpénétrer réellement: le village et les paysages agraires; entre eux les hommes tressent au fil des saisons des liens subtils faits de leurs allées et venues entre leur lieu de travail et leur lieu de résidence. C'est eux qu'il convient d'examiner maintenant avec un peu plus de détails.

I. LE VILLAGE

L'adaptation au site Pobia présente le site remarquable d'un village de pied de pente[2] (voir Hors-texte 1). Cette disposition est, nous l' avons dit, caractéristique de toute la dépression de Messara. Du niveau de base du Iéropotamos, à 60 m, on s'élève d'abord lentement par un plan incliné, qui ne tarde pas à devenir plus tendu; brusquement vers 170 m d'altitude, la pente se raidit et par une série de petits ressauts rocheux coupés de pans plus ou moins rapides, on arrive à un petit sommet (contrefort du mont Vigla: 300 m). Que cette rupture de pente corresponde, comme semble l'indiquer la carte géologique, à la grande faille, très souvent masquée, qui court sur le bord méridional de la Messara, peu importe au fond pour notre propos. Pobia est monté sur la montagne aussi haut que la topographie le permettait. Si les maisons les plus basses du village sont bâties de niveau, dans les hauts de Pobia, les rues sont en pente très rapide, mais néanmoins sans escalier, les maisons souvent bâties en terrasses et le nouveau réservoir de la commune

(1) Grains de blé bouillis, enrobés de sucre, qu'on prépare à l'occasion des funérailles.

(2) R. Livet. Habitat Rural et Structures Agraires en Basse Provence.

quasi isolé sur une petite butte. Les avantages traditionnels du pied de pente sont accentués ici par une disposition originale. Au Sud, du côté de la montagne, une série de ravins enserre tout le village, détournant ainsi des habitations les eaux dévalant la pente lors des grosses pluies d'automne. Ce rôle de collecteur naturel a été évidement aménagé par l'homme, un pont a dû très vite y remplacer le gué sur la route de Mirès. En tout cas, à l'abri des dangers de la plaine, Pobia l'est aussi des inondations ou des coulées boueuses descendant de la montagne. C'est un avantage pour le village, c'est en revanche un inconvénient pour certaines terres de cultures situées près du village, qui sont très ravinées et correspondent à un véritable champ d'épandage de cailloux.

Comment le village s'est-il adapté à ce site? Faute de documents historiques, il est difficile de reconstituer histoire du village. En 1936, les pluies auraient mis à jour en contrebas du village actuel, le site de l'ancienne Vivi, faisant découvrir un réseau d'irrigation relié à une source qui sert aujourd'hui d'abreuvoir pour le bétail. Ces détails sont conjecturaux. Et force est de recourir à la physionomie actuelle du village. Le fait le plus marquant à cet égard est la descente progressive du village vers la plaine. Toute la partie amont de Pobia, au sud d'une ligne passant par l'église et le collège, représente à l'évidence le vieux village. Aussi bien y trouve-t-on les plus vieilles maisons (maisons de l'époque turque de la place Stavros). Surtout l'habitat est ici continu (voir plan). Sans avoir l'aspect tassé caractéristique de bien des villes de la Méditerrannée Occidentale, les rues, souvent étroites, sont bordées sans solution de continuité par une double rangée de maisons. Il y a certes ici et là quelques vides, laissés par des maisons détruites ou dégradées (à Pobia, on entretient mal les maisons et les jeunes ménages préfèrent bâtir une nouvelle demeure plutôt que de réparer le domicile paternel), mais le plan du village donne une image fidèle de ce vieux Pobia, massif, finalement mal aéré. On y cherche vainement de grandes lignes directrices. Au sud de l'église, la route de Mirès s'élargit et paraît un instant jouer le rôle d'axe du village. En fait, elle se divise rapidement en deux branches; l'une s'infléchit vers l'Ouest, gagne la place Stavros et se prolonge par la route de Pigaïdakia, c'est beaucoup plus qu'un axe de circulation une frontière du vieux village; l'autre garde la direction Nord-Sud mais finit par se perdre dans le dédale des ruelles, au flanc de la montagne. C'est un village nucléaire, avec un lacis d'impasses, de passages qui s'anastomosent, où l'on se retrouve difficilement. La photo aérienne permet certes d'apporter d'utiles nuances à ce tableau. Autant ces vieux quartiers sont d'allure massive, autant leurs maisons sont spacieuses et aérées: chaque demeure, chaque mur révèle un jardinet ou une cour, où fleurit le basilic, où règne souvent un beau désordre de pots, de grains et de volailles. Mais, répétons le, à l'extérieur, c'est le Pobia des rues étroites, montueuses, malaisées, bref le Pobia de l'âne et du mulet.

Le second Pobia, au nord de l'église et du collège, c'est le Pobia de la route. La transition se fait insensiblement entre la forme de village nucléaire et le village-rue, qui s'allonge vers la plaine. A cette transformation du dessin général correspond une transformation du paysage. La route s'élargit, les constructions s'espacent, l'habitat devient discontinu, moins confus, la maison perdant d'ailleurs en intimité ce qu'elle gagne en espace: très souvent ce n'est qu'une simple maison bloc-à-terre, isolée au milieu d'un terrain vague. Nous avons là sous les yeux les conséquences manifestes d'un desserrement récent de l'habitat. Il n'est pas jusqu'aux bâtiments officiels ou semi-officiels qui n'aient aussi glissé vers l'aval: l'orphelinat, tout neuf, est une des dernières constructions du village, quand on descend vers Mirès, et le cimetière, toujours à l'extérieur du village en Grèce, est déjà au milieu des champs, quand l'ancien se trouvait à côté du collège. Nul doute que cette avalisation progressive du village soit liée à la modification des facteurs qui avaient avantagé le pied de pente: assainissement de la plaine, sécurité politique, mais aussi et surtout valorisation de l'économie de plaine; la place de la route dans ces nouvelles structures de l'habitat est aussi bien la cause que la conséquence de ces transformations.

La maison Il serait vain de chercher à Pobia une uniformité quelconque de l'habitat. Manifestement nous sommes en pleine période d'évolution, où l'introduction de matériaux, de techniques, mais aussi de modes de vie nouveaux, coexiste avec des formes plus traditionnelles. D'ailleurs, l'enquête n'était pas systématiquement orientée vers ces problèmes, qui à eux seuls mériteraient une étude d'ensemble. Nous préférons nous contenter de quelques remarques générales avant de présenter plus en détail un cas particulier, qui montrera la complexité de la maison rurale. A Pobia, la maison est toujours extrêmement simple. C'est avant tout l'abri permanent du paysan et de sa famille mais aussi celui des récoltes. C'est par elles que la maison est aussi, mais fort peu, un bâtiment d'exploitation. En effet, le matériel agricole est la plupart du temps très réduit et se compose presqu'exclusivement d'outils à main (bêches, houes, rateaux, sulfateuses); le cheptel, nous le verrons, est lui aussi peu nombreux. Nul doute que jusqu'à une période très récente, outils et animaux trouvaient facilement place sous le même toit, sinon dans la même pièce, que le paysan. On rencontre encore cette situation aujourd'hui. Mais plus souvent, on a affaire à un type de «maison disloquée»[1]. Au gré des ventes et surtout des successions (les enfants qui restent au village gardent en général la jouissance de toutes les maisons de la famille), l'exploitant moyen se trouve à la tête de deux maisons, souvent assez éloignées et dont l'une devient étable et remise. Mais survivance des périodes d'insécurité, ou plus simplement facilité d'accès à des produits de consommation courante, la récolte continue à dormir avec son propriétaire.

Cela dit, deux éléments principaux de différenciation interviennent: la date de construction, la relative aisance du propriétaire. A Pobia, la plupart des maisons sont en pierre, fournie en abondance par les contreforts de l'Astéroussia (une carrière domine le village), mais la brique industrielle, plus aisément maniable et permettant une construction plus rapide, est assez communément employée. D'ailleurs, le matériau de base est le plus souvent masqué par un enduit chaulé, qui contribue à uniformiser le village. On trouve des toits à faible pente, couverts de tuiles creuses, mais aussi de nombreuses terrasses. Là encore une enquête systématique s'imposerait. Avançons toutefois, que les toits de tuiles semblent plus fréquents dans les quartiers que nous avons décrits comme les plus vieux: Paléa Vrissi, Place Stavros.

C'est dans ces vieux quartiers, surtout à Paléa Vrissi, que l'on rencontre un type de maison assez nettement différencié. Il s'agit d'une maison à cour fermée, d'un seul étage, dont une façade est sur la rue, l'autre donnant sur une cour-jardin, assez vaste, qui s'ouvre directement dans la rue par une porte. C'est la cour-jardin qui concentre la majeure partie de l'activité domestique: les volailles y circulent en liberté, une treille rafraîchit l'atmosphère en été, on y trouve le four à pain (la majorité des Pobeïens font encore leur pain, au moins une partie de l'année), on peut même y étendre des matelas pour dormir au frais pendant la saison chaude. Dans ce village resserré, où l'on épie, et se côtoie, la cour-jardin à l'abri des regards est sans doute destinée à sauvegarder une intimité relative. N'oublions pas que nous sommes déjà en Orient! Cet habitat abrite le plus souvent des exploitants moyens, voire assez riches, issus en général des vieilles familles du village.

A l'opposé, on rencontre dans les quartiers «neufs» du nord de la place Stavros et de la route de Mirès, des maisons-bloc, à-terre ou en hauteur, qui témoignent à n'en pas douter d'un second âge de la construction. Nous l'avons dit, ici la maison ne touche pas aux autres, mais est entourée d'un terrain vague qui tend à être annexé à la maison. C'est, le plus souvent, un

(1) Max Derruau. Précis de Géographie humaine.

cube posé à terre, surmonté d'une terrasse, et plus ou moins compliqué selon la richesse du possesseur. C'est ainsi que l'on trouve des maisons élémentaires d'une seule pièce, qui n'ont pour seule ouverture que la porte donnant sur la rue; sur cette façade, la pierre est recouverte d'un enduit chaulé, mais laissée vive sur les trois autres. C'est la demeure des ouvriers agricoles ou des tout petits exploitants. Au même type, mais traduisant une différence sociale importante, appartient la maison d'un instituteur, habitant près de la poste: ici la maison a été construite sur un espace tout entier nivelé, et ses différentes pièces s'ouvrent sur un perron surélevé, protégé par une avancée de la terrasse. En tout cas, ces différentes variantes semblent témoigner d'une occupation plus récente et plus individuelle.

Un dernier type mérite d'être signalé. Ce sont les coquettes villas qui agrémentent, à la sortie du village, la route de Mirès, que nos enquêteurs proposaient d'appeler la «rue des Américains». Il s'agit en effet des demeures relativement confortables construites par les émigrés en Amérique, retour au pays. Elles ressemblent un peu à des pavillons de banlieue, isolés de la route par une grille, entourés d'un jardin. Plus que les autres types, c'est un habitat résidentiel pour retraité. Malgré ces aspects hétéroclites que nous avons tenté d'évoquer, l'habitat à Pobia présente une grande unité qui finit par primer tout, et qui est son inconfort. Partout, c'est la corvée d'eau réservée aux femmes, mais encore plus aux enfants qui ploient sous la charge des seaux et des jarres[1]: le village est désormais fourni en eau potable par la pompe communale, située dans la plaine (voir Hors - texte 2); elle alimente chaque matin un réservoir, relié à des abreuvoirs et des robinets, répartis dans tout le village. Mais ces points d'eau sont encore trop rares. Partout aussi, c'est l'obscurité dès le coucher du soleil, puisque Pobia ne dispose pas d'un groupe électrogène. Aussi s'éclaire-t-on par des lampes à vapeur d'essence à la lumière vive, mais au fonctionnement inquiétant.

Nous voudrions compléter cette esquisse par la description d'un cas qui nous est mieux connu, la maison G... (voir figure 2). Cette maison est située à quelques mètres de la mairie. Elle comprend en fait deux maisons, la demeure des parents et celle d'un des fils récemment marié. Les deux bâtiments se trouvent dans une cour, isolée de la place Stavros par un mur blanchi à la chaux muni d' un portail de bois. On a ainsi un type de transition entre cour ouverte et cour fermée. Au fond de la cour, se trouve la maison des parents, qui ont eu quatre enfants: l'un a été assassiné dans des conditions mystérieuses, une fille s'est mariée et habite au village avec son mari; restent deux fils,

(1) Une femme se loue même comme porteuse d'eau.

PLAN DE LA MAISON G...

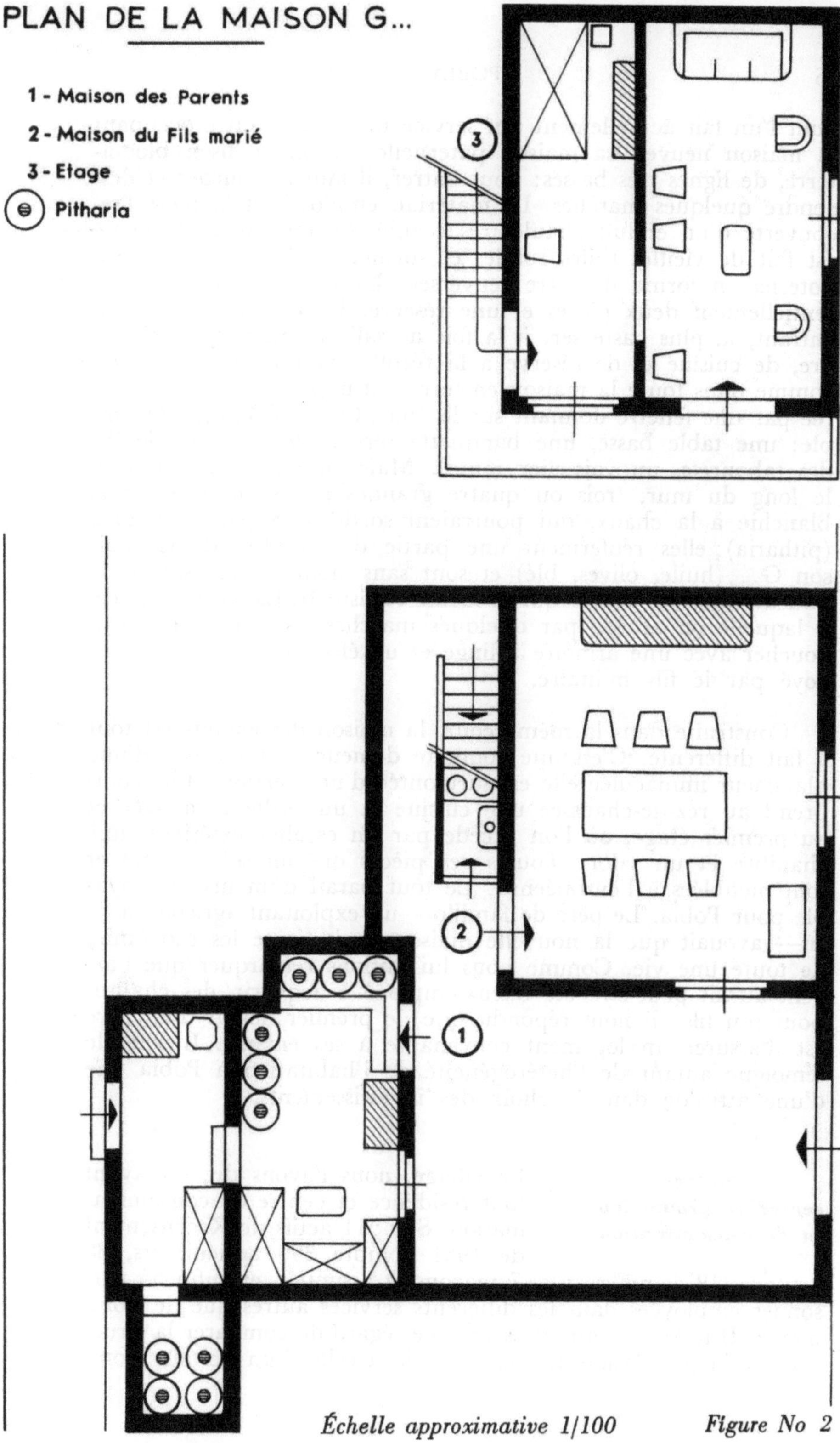

Échelle approximative 1/100 *Figure No 2*

dont l'un fait actuellement son service militaire, l'autre occupant la maison neuve. La maison paternelle est une maison bloc-à-terre, de lignes très basses: pour entrer, il faut se courber et descendre quelques marches. Le matériau employé est la pierre recouverte d'un enduit chaulé très écaillé. Le toit en faible pente est fait de vieilles tuiles rondes et surmonté d'une cheminée en poterie, en forme de jarre renversée. La maison comprend essentiellement deux pièces et une réserve. La première pièce, en entrant, la plus vaste sert à la fois de salle à manger, de chambre, de cuisine et de réserve à la récolte (voir plan). Le sol est comme dans toute la maison en terre battue et la pièce est éclairée par une fenêtre donnant sur la cour. Le mobilier est très simple: une table basse, une banquette servant de siège et de lit, des tabourets, un vaisselier mural. Mais on remarque, alignées le long du mur, trois ou quatre grandes jarres en terre cuite, blanchie à la chaux, qui pourraient sortir d'un palais minoen (pitharia); elles renferment une partie des récoltes de la maison G... (huile, olives, blé) et sont sans doute responsables de l'odeur rance et moisie qui accueille le visiteur. La seconde pièce, à laquelle on accède par quelques marches, est une chambre à coucher avec une armoire à linge et un électrophone à piles envoyé par le fils militaire.

Construite dans la même cour, la maison des enfants est tout à fait différente. C'est une coquette demeure à un étage; d'une blancheur immaculée elle est surmontée d'une terrasse. Elle comprend au rez-de-chaussée une cuisine et une salle à manger et au premier étage, où l'on accède par un escalier extérieur, une chambre et un salon. Toutes ces pièces ont un sol cimenté et sont meublées à l'européenne. Le tout paraît d'un luxe incroyable pour Pobia. Le père de famille —un exploitant agricole moyen— avouait que la nouvelle maison avait coûté les économies de toute une vie. Comme nous lui faisions remarquer que l'argent aurait peut-être été mieux employé à acquérir des champs pour son fils, il nous répondit que le premier devoir d'un père est d'assurer un logement convenable à ses enfants. L'exemple témoigne autant de l'hétérogénéité de l'habitation à Pobia que d'une attitude dans le choix des investissements.

Le village: centre de production et de consommation

Le village, nous l'avons dit, est avant tout résidence et centre de consommation. Sur 511 actifs, le Recensement de 1961 compte 390 agriculteurs, 38 artisans, 18 commerçants, 7 maçons et assimilés, et enfin 55 personnes employées dans les différents services autres que le commerce. Il n'est pas inintéressant à cet égard de comparer la structure de la population active de Pobia à celle d'un certain nombre d'autres communes de Messara, telles qu'elles ressortent du Recensement de 1961.

Structure de la population active en Messara (1961)

	Agriculture	Artisanat	Construction	Commerce	Autres Services
Pobia	76.3	7.4	1.3	3.5	10.7
Mirès	27.4	23.8	6.1	18.3	24.2
Timbaki	82.7	4.5	1.0	2.8	7.3
Galia	91.4	3.4	1.2	1.0	2.8
Pétrokéfali	84.0	5.5	1.3	2.7	6.2

Mirès tranche nettement sur les autres communes-types de Messara et affirme ainsi sa prétention à devenir le centre de développement de la région. Mais cette supériorité posée, le fait le plus remarquable est la situation singulière de Pobia. Très loin évidemment derrière Mirès, Pobia possède à côté d'un secteur agricole massif un secteur secondaire et tertiaire qui n'est pas négligeable. Si Galia, sur le piémont septentrional de la dépression, et Pétrokéfali, à l'ouest de Pobia, ne comptent respectivement que 1 235 et 670 habitants, Timbaki avec 2 834 habitants compte plus de 1 000 personnes de plus que Pobia et présente néanmoins une population active à structure beaucoup plus agricole. Il est certain, nous le verrons, que les cadres d'un recensement s'adaptent particulièrement mal à une réalité sociale et économique mouvante, où l'épicier est en même temps paysan et le maître d'école souvent propriétaire foncier. Néanmoins, par delà les classifications arbitraires, le point de vue relatif demeure, qui donne à Pobia une place originale.

D'autant que l'enquête directe, trois ans après, confirme le jugement: une analyse des professions indiquées dans le dimotologion (registre de citoyenneté de la commune) fournit une répartition de population active tout à fait identique. La concordance est d'autant plus remarquable que les critères pris pour définir la population sont sensiblement différents: population de fait au Recensement, membres de droit de la commune pour le dimotologion. Ces différences expliquent la disparité de chiffres absolus, notamment le sous-enregistrement des habitants dans le registre de citoyenneté, mais n'affectent pas, répétons le, la position des différents secteurs.

Professions des citoyens de Pobia (1964)		%
Agriculture	251	76.2
Artisanat, construction	27	8.2
Commerce	16	4.8
Autres Services	35	10.6

Comment se répartissent les différentes activités non agricoles? Il est difficile de donner un compte exact des personnes employées, car il ne s'agit pas le plus souvent d'emplois réguliers ou à plein temps, les ouvriers agricoles notamment devenant ouvriers du bâtiment hors des saisons de presse agricole. Il est plus simple et plus juste de décompter les points de vente ou de production, étant entendu que les entreprises ne dépassent que très exceptionnellement le cadre familial. Il y a à Pobia 16 boutiques(1) (nous employons intentionnellement ce terme plutôt que celui d'atelier) d'artisans: 4 menuisiers-charpentiers, 6 barbiers, 3 cordonniers, 1 tailleur, 1 sellier, 1 ferblantier. Un barbier n'exerce le métier que le dimanche, les autres assurent tous les jours, dimanches compris, les exigeants besoins de la clientèle masculine. Qu'on en juge! A Pobia, les hommes se font raser en moyenne deux fois la semaine, et couper les cheveux tous les quinze jours. Il est vrai qu'en la matière les prix sont trois fois moindres qu'à Athènes. L'exemple des barbiers montre en tout cas qu'il s'agit plus de prestations de service, ou d'activités de réparations (cordonniers) que de véritables activités productrices.

Seuls trois petits ateliers et une entreprise de construction peuvent prétendre à ce titre. Il s'agit d'abord d'un limonadier, travaillant dans une pièce et sortant 200 bouteilles de soda l'été, 100 l'hiver. Pobia compte en outre une petite presse à huile, mue par un moteur, qui a remplacé en 1963 une presse à chevaux. Propriété d'un employé de Mirès, l'atelier occupe pendant la saison d'hiver sept ouvriers, rémunérés le plus souvent en nature (30% du poids des olives entrant dans la presse) et un mécanicien salarié. Le fonctionnement de la presse témoigne d'ailleurs du stade encore assez archaïque des structures économiques: le propriétaire de la presse collecte à ses frais les olives chez le producteur, les traite, rend l'huile, gardant pour prix de ses services un litre d'huile sur douze. C'est d'ailleurs un fait constant que l'huile reste en Messara une monnaie d'échange communément employée. Nous retrouvons les mêmes caractères dans la petite savonnerie du village. Employant trois ouvriers et fonctionnant sans aucune machine, l'atelier produit bon an mal an 24 tonnes de savon, et 20 tonnes de solvant industriel (furfural). Une partie de la production est écoulée par des moyens originaux. Confié à deux membres de la famille de l'artisan, qui visitent les villages des environs, l'un avec un âne, l'autre en camion, le savon est échangé contre de l'huile ou des résidus de presse, eux-mêmes repris par le savonnier, les intermédiaires gagnant à ce double troc. L'entreprise de maçonnerie emploie irrégulièrement et selon les besoins des chantiers une dizaine d'ouvriers

(1) Il faut ajouter une couturière et une brodeuse sur machine, qui travaillent chez elles à façon.

Carte hors-texte No 1

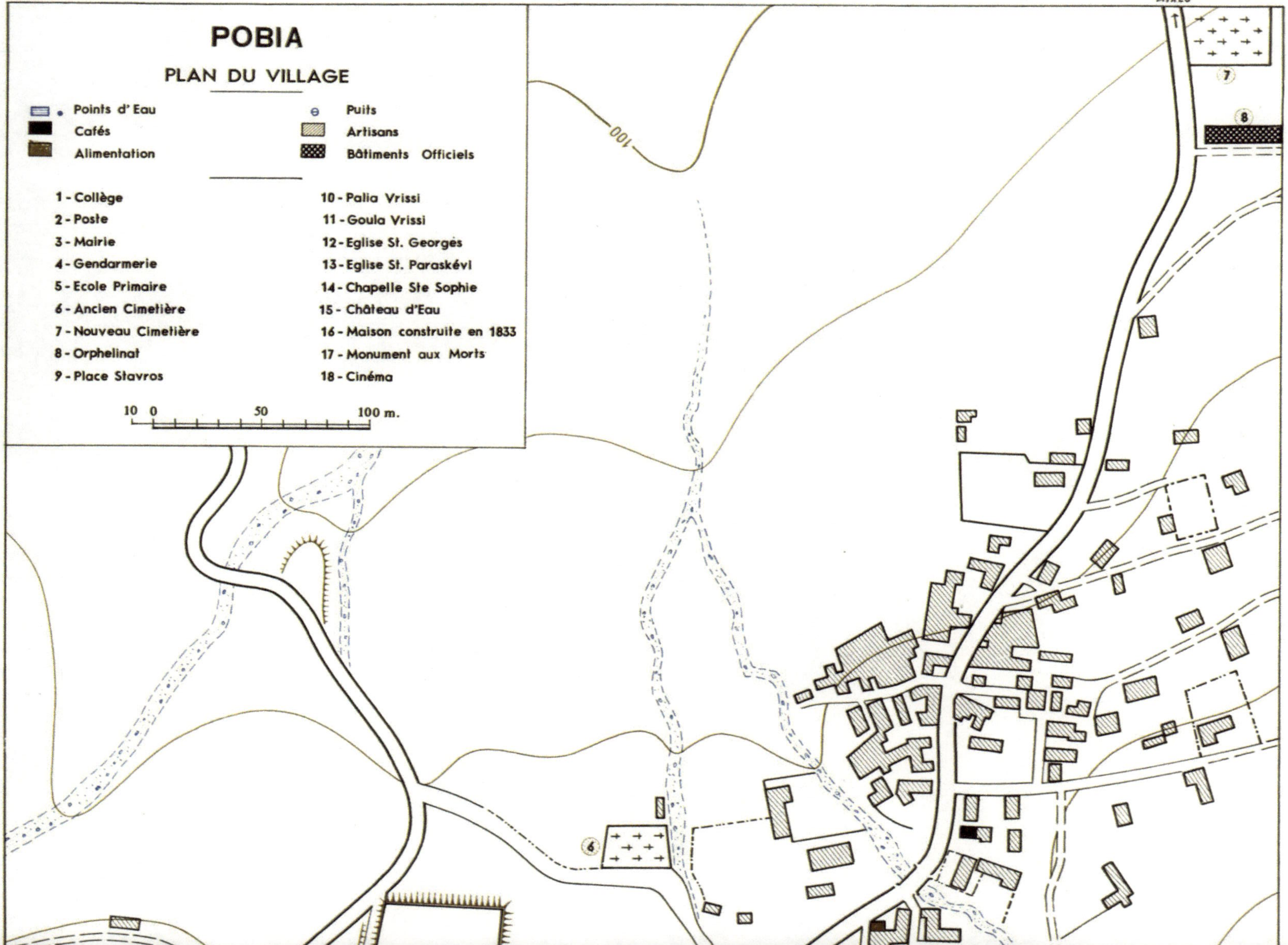
POBIA
PLAN DU VILLAGE
Points d' Eau
Cafés
Alimentation
Puits
Artisans
Bâtiments Officiels
1 - Collège
2 - Poste
3 - Mairie
4 - Gendarmerie
5 - Ecole Primaire
6 - Ancien Cimetière
7 - Nouveau Cimetière
8 - Orphelinat
9 - Place Stavros
10 - Palia Vrissi
11 - Goula Vrissi
12 - Eglise St. Georgès
13 - Eglise St. Paraskévi
14 - Chapelle Ste Sophie
15 - Château d'Eau
16 - Maison construite en 1833
17 - Monument aux Morts
18 - Cinéma
10 0 50 100 m.
100
MIRES
7
8
6

sans grande qualification. Il faudrait ajouter à ce tableau de l'artisanat à Pobia un certain nombre d'activités annexes plus déguisées: un rempailleur de chaises qui déclare travailler dix jours par mois, un peintre en bâtiment qui ne travaille que l'été et un mécanicien-graisseur spécialisé dans les presses à huile qui fait automne et hiver le tour des villages des environs. Notons encore qu'assez souvent dans une famille les filles font quelques travaux de couture rémunérés. Mais cela ne va pas loin, pas au delà d'une robe et de deux pantalons par mois. Finalement, plus que par sa médiocrité quantitative, cet artisanat se caractérise par son irrégularité comme source d'emploi et la faible extension de son marché de consommation: la plupart des artisans ou des salariés «industriels» ont, nous le verrons, une activité agricole, qui constitue souvent leur principal revenu; seule la savonnerie dépasse réellement le cadre géographique du village pour desservir un marché régional.

Les structures commerciales du village ne démentent pas cette tendance à l'étroitesse du marché. Les boutiques desservent les besoins immédiats et sont à peu près exclusivement réservées aux gens de Pobia. On compte en effet une douzaine de cafés, autant d'épiceries, 2 boulangeries, 1 boucherie, 1 bureau de tabac, 1 kiosque(1). Il faut y ajouter un marchand ambulant vendant chaque matin fruits et légumes. Là encore, nous retrouvons des pratiques courantes dans un pays en voie de développement. La vente à crédit est très utilisée dans une société, où les rentrées d'argent sont saisonnières. Elle a son antidote naturel, qui est le troc. L'épicier échange sucre, café ou biscuits contre quelques kilos d'huile, apportés par la ménagère, une huile dont la valeur varie, comme un titre coté en bourse, et que les familles conservent précautionneusement plusieurs années comme l'épargne la plus sûre en cas de besoin. Il n'est guère besoin de préciser que le cafetier ou l'épicier diffère très peu du maçon ou du menuisier et possède lui aussi des revenus d'origine agricole.

Ce sont vraiment les services culturels, administratifs et sociaux qui donnent à Pobia son originalité. Eux seuls s'adressent à un marché de consommation assez largement ouvert. Outre un bureau de poste, un détachement de gendarmerie et une école primaire, le village possède un collège, un institut de langues étrangères, un médecin et deux cinémas. Il est vrai que les cinémas fonctionnent alternativement, cinq fois l'un, deux fois l'autre. Il n'en reste pas moins que 200 habitants du village

(1) Le kiosque (ou périptère), véritable boutique à tout vendre, des journaux aux lacets en passant par le dentifrice et les piles,est une image familière de décor rural et urbain de la Grèce contemporaine.

vont chaque soir d'hiver au cinéma et le propriétaire dit refuser des places. Le médecin est un fonctionnaire, sorte d'officier de médecine moderne, qui a la charge, assisté d'une infirmière, d'un dispensaire très sommairement équipé, mais gratuit. Outre son service dans la commune, il visite chaque semaine quatre villages des environs: Péri, Alithini, Pigaïdakia et Kalous Liménès, en bordure de la Mer Libyenne. Il n'y a pas de pharmacie à Pobia, mais l'épicier vend des ampoules de pénicilline au détail et le médecin détient un petit stock de médicaments courants. L'Institut de Langues Étrangères, coquette maison blanche sur la place Stavros, est en fait un cours privé d'anglais, destiné à remplacer la chaire de langue vivante du collège, qui n'est pas pourvue depuis de longues années(1).

D'ailleurs le collège d'Etat, créé en 1919 à l'initiative d'un bienfaiteur de la commune, dépasse de loin par ses conséquences les autres services que nous venons de décrire. Cette longue bâtisse jaunâtre de deux étages aux nombreuses fenêtres, isolée au milieu d'une vaste cour implantée d'arbres, en bordure du village, a déjà une figure curieuse dans le paysage pobeïen et joue un peu au château. L'examen des statistiques pour l'année scolaire 1963-64 achève d'en faire une réalité insolite et somme toute assez artificielle pour l'économie et la société du village: avec ses 13 professeurs, ses 641 élèves dont 67 seulement sont originaires de Pobia, il fournit, nous le verrons, une source de revenus appréciable pour les commerçants et aussi les familles qui accueillent des pensionnaires. L'origine géographique des élèves permet en outre d'esquisser une image du rayonnement du village (carte 3). Témoignant d'abord de la répartition du peuplement en Messara (notamment série de villages du flanc sud de la plaine) et de l'importance relative des communes (importance de Timbaki, mais Mirès plus proche de Pobia a une place très réduite), la carte fait apparaître un autre phénomène: l'importance des relations Nord-Sud dans cette dépression Est-Ouest qu'est la Messara. Mais au fond n'est ce pas la conséquence des vieux liens économiques et humains qui unissaient, et qui unissent encore à travers la transhumance, les montagnes du Psiloritis, la Messara et la chaîne côtière de l'Astéroussia. Situé au point de rencontre de ces zones naturelles, et promu par les circonstances historiques au rang de petit centre intellectuel (il serait intéressant d'évoquer ici l'étonnante figure du «général» Korakas, sorte de capitaine Michalis(2), protecteur et héros du village sous les Turcs), Pobia a bénéficié de ces conditions favorables. Le recrutement actuel du collège fait de Pobia un centre régional important

(1) Le collège de Pobia n'en décerne pas moins à ses élèves le diplôme de bachelier!

(2) Héros du livre de Kazantzakis. La Liberté ou la Mort.

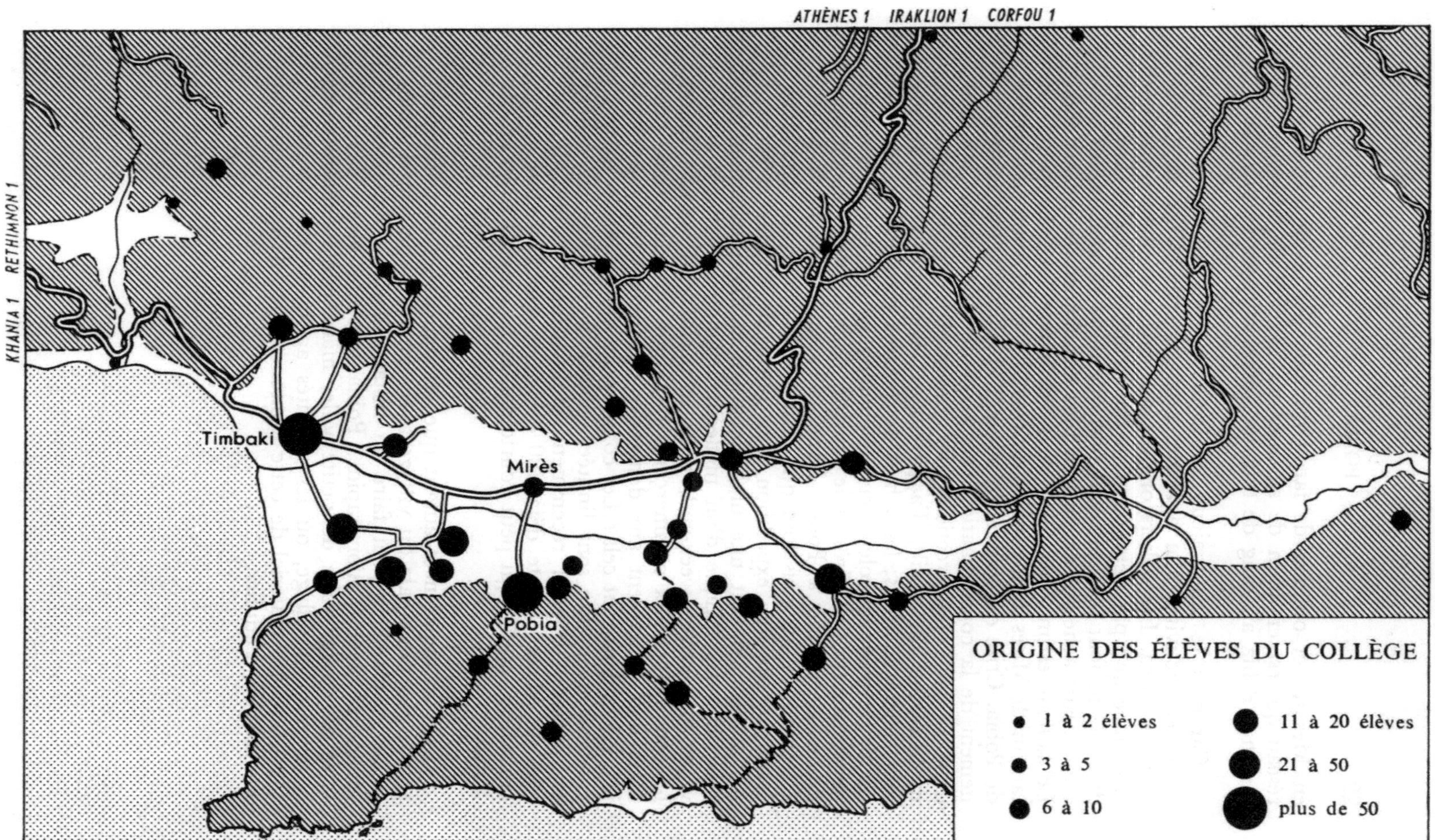
ATHÈNES 1 IRAKLION 1 CORFOU 1
KHANIA 1 RETHIMNON 1
Timbaki
Mirès
Pobia
ORIGINE DES ÉLÈVES DU COLLÈGE
1 à 2 élèves
3 à 5
6 à 10
11 à 20 élèves
21 à 50
plus de 50

Carte No 3

en Messara et oblitère de façon quelque peu artificielle le vrai réseau qui est en train de se tisser au bénéfice de Mirès, et de ramener Pobia au rang de tous les autres villages du piémont.

Car c'est le fait majeur sur lequel il convient de conclure: toutes ces activités non agricoles sont en crise. Crise de l'artisanat d'abord. Les selliers ont disparu un à un, autant par décroissance que par détournement des demandes locales. Les cordonniers ne font pratiquement plus que de la réparation, les consommateurs achetant de plus en plus des chaussures industrielles. Le tailleur estime que 50% de la demande lui échappent; un tailleur de Mirès donne même du travail à façon à des couturières de Pobia. Crise du commerce ensuite. Il y a un véritable détournement de la consommation vers la petite ville proche. Un sondage dit assez les directions des consommateurs: les tissus, les médicaments, les outils, l'appareillage électrique et mécanique sont achetés à Mirès; les achats de denrées alimentaires, les ventes de surplus agricoles (œufs, volailles) se font sur le marché hebdomadaire de Mirès et le samedi, jour de marché, est pratiquement chômé à Pobia. Banques et notaires sont à Mirès. Rarement on va plus loin que Mirès. Malgré le car quotidien, Iraklion reste une expédition, aux portes de l'exode et souvent de la mort. Il faut une maladie grave et l'hospitalisation promise dans la clinique d'un médecin originaire de Pobia et qui y revient chaque week-end, pour se décider au voyage. Sinon les commandes aux commerçants de Mirès, les tournées de ceux d'Iraklion pourvoient aux demandes exceptionnelles. Que reste-t-il à Pobia dans tout cela? Les commandes de meubles et de construction, mais elles sont limitées. Même le privilège du collège est menacé. Devenu récemment établissement public, le collège de Mirès compte déjà 400 élèves et semble destiné à une croissance rapide, qui peut courtcircuiter la zone de drainage de Pobia.

Bref, les apparences autant que les statistiques sont trompeuses: la rue principale du village avec son regroupement de boutiques et d'ateliers peut faire un instant illusion. Mais c'est un monde en détérioration rapide. Pobia présente encore des activités de bourg, voire de petite ville, mais tend inexorablement à devenir un village, où les activités agricoles sont écrasantes. C'est le cadre matériel de cette économie agricole qu'il convient maintenant d'étudier.

II. LES PAYSAGES AGRAIRES

Finages et terroirs

Comme pour la plupart des villages de piémont en Messara, le finage de Pobia est allongé perpendiculairement aux courbes de niveau. Dans toute la dépression et ses bordures, la disposition des finages répond aux différents sites de villages que nous avons décrits (voir carte 24). On rencontre d'abord des finages de montagne (Pigaïdakia ou Miamou). Ils sont très vastes (6 300 hectares pour Pigaïdakia) et s'étendent en général au Sud jusqu'à la Mer Libyenne où ils se terminent par un versant très abrupt et au Nord jusqu'à la rupture de pente, qui marque le début de la dépression. Défavorisés par une topographie très morcelée et par l'altitude qui ne permet pas l'irrigation, ces finages de montagne sont voués à une exploitation très extensive: céréaliculture à longue jachère et élevage du mouton sur la garrigue, assorti de transhumance inverse vers la plaine. Contrairement à l'apparence, ces villages très isolés recèlent souvent des sources de profit non négligeables: des propriétaires, installés quelquefois dans les villages de plaine ou même dans les villes (Iraklion, voire Athènes), y possèdent des troupeaux d'une centaine de têtes et vendent chaque année plusieurs tonnes de blé.

A l'opposé, on trouve des finages de plaine, très exigus (Pétrokéfali a une superficie de 700 hectares). Comme les finages de montagne, ils ont finalement des possibilités réduites par l'homogénéité des terroirs. Ce sont les villages du pied de pente, comme Pobia, qui réunissent les terroirs les plus variés et ont les vocations les plus diversifiées. Le Recensement agricole de 1961 permet de préciser ces distinctions régionales. Nous avons dressé une série de cartes communales pour les éparchies de Kainourghiou et de Pirgiotissis, qui couvrent la Messara occidentale et ses bordures (cartes 4 à 9). L'exploitation cartographique du Recensement pose une série de problèmes de méthode. Notamment tous les résultats publiés jusqu'à présent sont ventilés par communes de résidence des exploitants. Cette façon de faire entraîne des attributions arbitraires: dans l'éparchie de Kainourghiou, 23% de la superficie agricole ne se trouvent pas dans la commune de résidence de l'exploitant et à Mirès, cas extrême, il est vrai, sur 1 174 hectares cultivés, 446 seulement se trouvent à l'intérieur des limites communales. Examinée avec prudence, l'image d'ensemble fournie reste néanmoins valable.

La carte 4 montre l'influence prépondérante de la topographie dans la taille moyenne des exploitations agricoles : en fait la carte 4 doit être comparée à la carte 5, qui donne l'importance des pâturages. En effet, contrairement aux auteurs de l'Office

National de Statistique, nous n'avons pas séparé «étendue agricole» et «pâturage»(1), considérant que cette distinction était en grande partie arbitraire. Cela dit, le rôle du relief est manifeste dans la répartition par taille des exploitations: la montagne renferme, à l'échelle grecque(2), de grandes exploitations, qui dépassent souvent en moyenne 7 hectares (13.7 à Pigaïdakia); c'est là aussi que les surfaces en pâturages naturels sont les plus étendues. Toutefois, la bordure méridionale de la Messara apparaît sur les deux cartes mieux individualisée que la bordure septentrionale: au Sud, l'Astéroussia s'enlève avec beaucoup de brutalité sur la dépression; au Nord, le Psiloritis se morcelle en plusieurs gradins: les communes sont encore des villages de piémont, qui ont une économie plus diversifiée, moins liée au parcours du petit bétail sur la garrigue. Malgré ces inégalités, la plaine n'en apparaît pas moins comme une zone négative sur les cartes envisagées: l'exiguïté des finages, la pression démographique plus grande autant que des possibilités de valorisation moins extensive de la surface exploitée expliquent le morcellement plus important de la propriété foncière.

En raison de l'importance prise par les pâturages dans les surfaces exploitées, la montagne apparaît toujours sur les cartes de l'utilisation agricole du sol comme une zone déprimée. L'intérêt se concentre alors sur la plaine (cartes 6, 7, 8). La plaine apparaitrait d'ailleurs encore plus nettemment, si les terres de culture que les montagnards y possèdent, n'étaient pas comptées dans les communes de résidence des exploitants. Quoi qu'il en soit, la plaine concentre la mise en valeur, mais les cartes font ressortir des zones de spécialisation. Les vignes (carte 7) se regroupent dans le centre de la Messara occidentale, autour de Mirès, et sur le piémont du Psiloritis, tandis que les arbres (carte 6) en l'occurence les oliviers, ont une densité particulièrement importante de Mirès à Timbaki. Les surfaces en cultures annuelles (carte 8), essentiellement céréales, sont beaucoup plus également réparties, mais n'en montrent pas moins une concentration remarquable dans la région d'openfield d'Aghi-Déka. La dernière carte présentée (carte 9) est sans doute la moins significative, en raison de l'ambiguïté de la notion de jachère en Grèce: nous n'avons de renseignements que sur la jachère non-cultivée (agranapavsis), qui est pratiquement une terre laissée en friche, alors que la jachère cultivée (kalliergia) qui entre dans les assolements céréaliers n'est pas distinguée.

Dans cet ensemble dominé par l'opposition entre la monta-

(1) Voir Introduction du Volume I-Fascicule 3, Péloponnèse, du Recensement agricole de 1961.

(2) La superficie moyenne de l'exploitation agricole grecque est d'environ 3.6 hectares.

TAILLE MOYENNE DES EXPLOITATIONS AGRICOLES, 1961

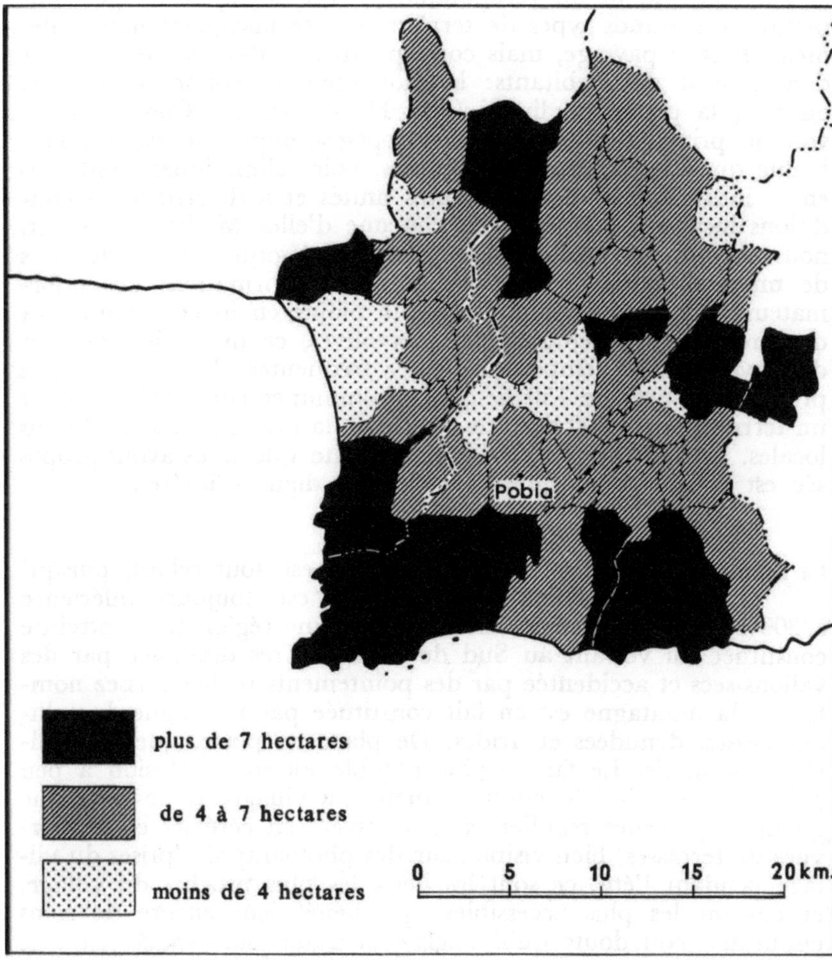

Carte No 4

gne et la plaine, mais où les nuances sont toujours présentes, Pobia apparaît une fois encore par sa situation au contact des grandes unités naturelles comme un exemple valable de l'économie agricole régionale. Les limites de la commune sont marquées au Sud par la ligne de faîte des collines qui encerclent le village, descendent à l'Est et à l'Ouest perpendiculairement à la montagne et s'arrêtent au lit du Iéropotamos. Ainsi défini, le finage comprend trois grands types de terroirs, qui se marquent non seulement dans le paysage, mais correspondent à des réalités vivantes dans l'esprit des habitants: la montagne ou vouno, le versant ou riza, la plaine ou livadi (voir Hors-texte 2). Comme on le voit, la principale distinction est topographique. Il est vraisemblable que des facteurs pédologiques, voire climatiques, contribuent à individualiser ces différentes unités et à diversifier les conditions locales à l'intérieur de chacune d'elles. Malheureusement, nous n'avons pas pu faire d'analyses pédologiques et nos données de micro-climatologie sont réduites aux affirmations des informateurs: très grande humidité de la plaine en hiver, où traînent des brouillards, préjudiciables aux olives, ce qui laisse deviner des inversions de température assez fréquentes. Tout au plus, la présence de près de 150 lieux-dits communément employés pour un territoire de 1 500 hectares assure de la diversité des conditions locales. Il reste que la division tripartite que nous avons proposée est la plus remarquable et la plus digne d'intérêt.

La montagne L'emploi de ce terme est tout relatif, puisqu' à Pobia la montagne est toujours inférieure à 300 m et qu'au demeurant il s'agit d'une région très restreinte constituée du versant au Sud du village. Très disséquée par des vallons secs et accidentée par des pointements rocheux assez nombreux, la montagne est en fait constituée par une ligne de collines basses, dénudées et arides. De place en place, quelques oliviers rabougris. Le fait le plus notable est son exclusion à peu près complète de l'économie actuelle du village. Il ne reste que quelques parcelles régulièrement cultivées en céréales et dépourvues de terrasses, bien visibles sur des photographies prises du village pendant l'été: ce sont les lieux les plus proches du village, et partant les plus accessibles, qui bénéficient encore de soins culturaux. Nul doute qu'il s'agisse là d'une survivance en voie de disparition très rapide, car la quasi-totalité de la montagne est maintenant exploitée par des éleveurs étrangers au village.

Il s'agit essentiellement, pour la commune de Pobia, de bergers venus d'Anogia dans le Psiloritis, qui quittent l'hiver venu leurs montagnes enneigées pour faire pâturer leurs troupeaux — moutons et surtout chèvres — dans des régions plus basses. Ce mouvement de transhumance est un fait traditionnel, mais il se

SURFACES EN PATURAGES

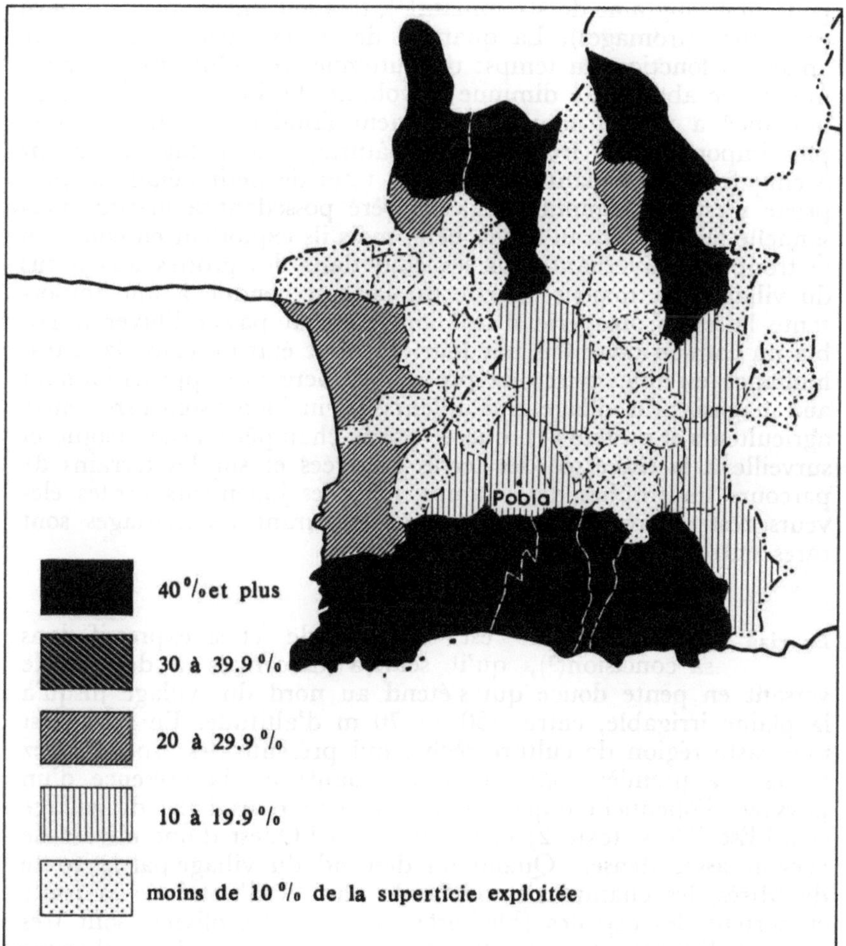

Carte No 5

trouve renforcé actuellement par l'abandon des terres de culture par les Pobeïens. Les éleveurs ont ainsi acquis personnellement des terres dans le territoire de la commune, bien que la majeure partie des terrains de parcours utilisés restent loués à la saison, par des accords verbaux, passés à la montée des troupeaux. Les prix sont en général très bas, 200 à 300 drachmes pour une vingtaine de stremmata(1), très souvent le loyer est payé en nature (fromages). La quantité de terres louées varie chaque année en fonction du temps: un automne très pluvieux amenant une herbe abondante diminue le volume de locations. La transhumance a une structure étroitement familiale: le troupeau le plus important qui fréquente les pâturages de Pobia appartient à cinq frères possèdant plus de 800 têtes de petit bétail; la propriété n'est pas commune, chaque frère possédant sa marque personnelle faite au ciseau sur la bête, mais ils exploitent en commun le troupeau, hivernant tous les cinq dans des grottes au-dessus du village. La majeure partie du lait est vendue à une importante laiterie-fromagerie d'Iraklion, qui fait passer l'hiver à Pobia un camion deux fois par jour. En tout état de cause la transhumance est une source de profits, les bergers s'approvisionnant aux magasins du village. Par ailleurs, les incidents sont rares entre agriculteurs et pasteurs(2), que le garde-champêtre accompagne et surveille à la traversée des terres cultivées et sur les terrains de parcours limitrophes des champs, mais les jugements sur les éleveurs restent très partagés, et au demeurant les mariages sont rares entre bergers et filles du village.

La riza Le terme grec est si commode et si expressif dans sa concision(3), qu'il servira désormais à désigner le versant en pente douce qui s'étend au nord du village jusqu'à la plaine irrigable, entre 150 et 70 m d'altitude. En fait, c'est une vaste région de culture sèche, qui présente des aspects assez variés. La première opposition marquante est la présence d'un paysage d'openfield imparfait qui s'étend dans l'axe du village et à l'Est (Hors-texte 2) et l'existence à l'Ouest d'une olivaie de versant assez dense. Quand on descend du village par la route de Mirès, les champs s'étendent de part et d'autre de la route et portent des céréales (blé, orge, avoine); les oliviers sont très rares et dispersés, les parcelles non clôturées, séparées seulement par un sillon plus profond, qu'il est souvent difficile de reconnaître. L'uniformité des cultures assure à toute époque de l'année l'uniformité du paysage. La pratique de certaines coutumes

(1) 6 drachmes égalent approximativement 1F et le stremma est la dixième partie d'un hectare.

(2) Toutefois, les paysans se plaignent que les bergers acquittent plus qu'irrégulièrement le montant des locations et oublient les fromages promis!

(3) Littéralement, la racine, le pied.

SURFACES EN VIGNES

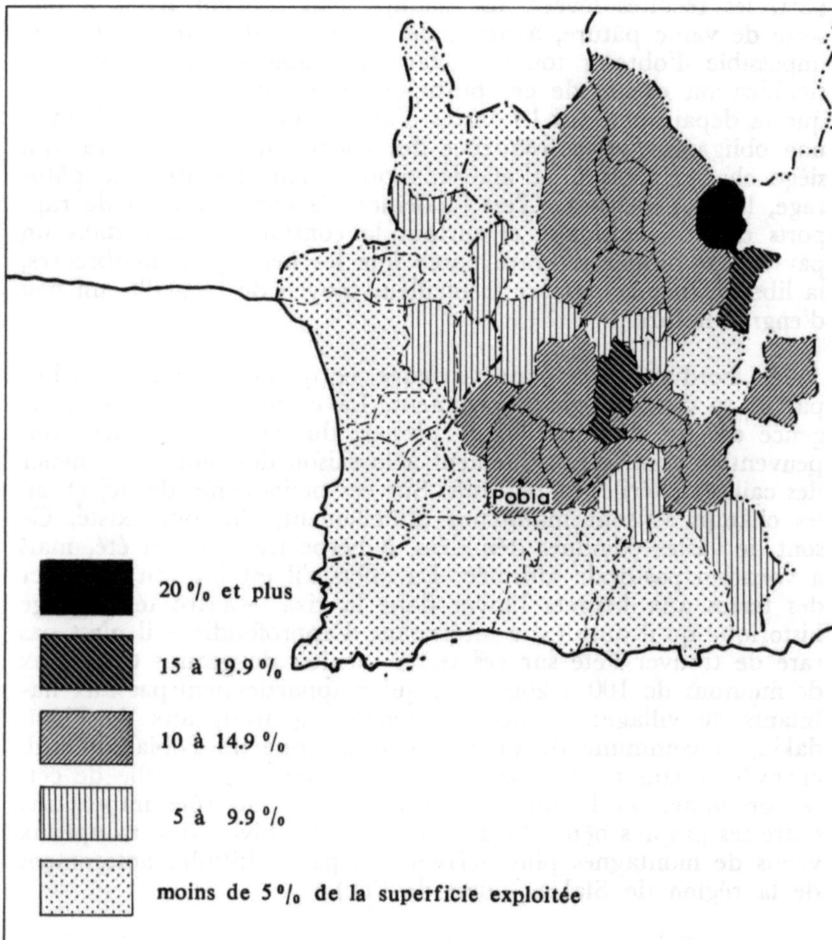

Carte No 6

contribue à accentuer le rapprochement — à une échelle différente évidemment — avec l'openfield occidental. Une fois moissonnées, les terres les plus rapprochées du village sont transformées en aire de battage communale, qui reçoit pendant plusieurs jours la machine à battre louée à un entrepreneur et où l'on conserve plusieurs semaines les bottes de paille entassées. D'autre part, les récoltes levées, les champs sont souvent livrés à une sorte de vaine pâture, à usage des habitants du village. Il a été impossible d'obtenir toute la clarté désirable sur l'origine et la signification exacte de ces pratiques communautaires. Il semble que la dépaissance sur les terres d'autrui soit un fait toléré, mais non obligatoire et la fréquence des appels au tribunal rural qui siège chaque mois à la mairie, motivés par des abus de pâturage, le prouve assez. C'est finalement la concrétisation de rapports de bon voisinage et surtout la constatation que dans un pays où le fumier est rare parce que les bêtes peu nombreuses, la libre pâture est encore le meilleur moyen de recueillir un peu d'engrais naturel.

En bordure de la plaine irriguée, ce paysage d'openfield imparfait se dégrade progressivement. La carte montre la convergence des lits de ruisseaux la plupart du temps à sec mais qui peuvent se gonfler brusquement à la saison des pluies et amener des cailloux stériles et répulsifs. Sur ces petits cônes de déjection, les champs se sont maintenus difficilement, s'ils ont existé. Ce sont de vastes étendues dénudées, à herbe très rase en été, mais à vocation pastorale affirmée. En effet, s'il est interdit de louer des terres aux bergers l'hiver dans la riza — autre témoignage historique qu'il aurait été intéressant d'approfondir — il n'est pas rare de trouver l'été sur ces terres incultes de grands troupeaux de moutons de 100 à 200 têtes, qui n'appartiennent pas aux habitants du village: il s'agit en général de troupeaux de Pigaïdakia, la commune de montagne limitrophe de Pobia au Sud, envoyés là sans doute pour ménager les réserves d'herbe de cette commune, où l'économie pastorale joue un rôle important: outre ses propres bêtes, Pigaïdakia nourrit l'hiver des troupeaux venus de montagnes plus défavorisées par l'altitude, notamment de la région de Sfakia (ouest de l'île).

Vers l'Ouest (voir carte Hors-texte 2), le paysage découvert fait insensiblement place à une olivaie de versant, précédée, très souvent, de plantations de jeunes oliviers; comme il est courant en Grèce, il s'agit d'une culture mixte, des céréales étant semées sous les oliviers (voir chapitre II, les systèmes de cultures). Quoi qu'il en soit de ces aspects divers, la riza présente une grande unité: c'est le terroir d'agriculture sèche du village. L'irrigation y est quasiment inconnue: nous avons certes vu en bordure du village le creusement d'un puits destiné à arroser un potager,

SURFACES EN ARBRES

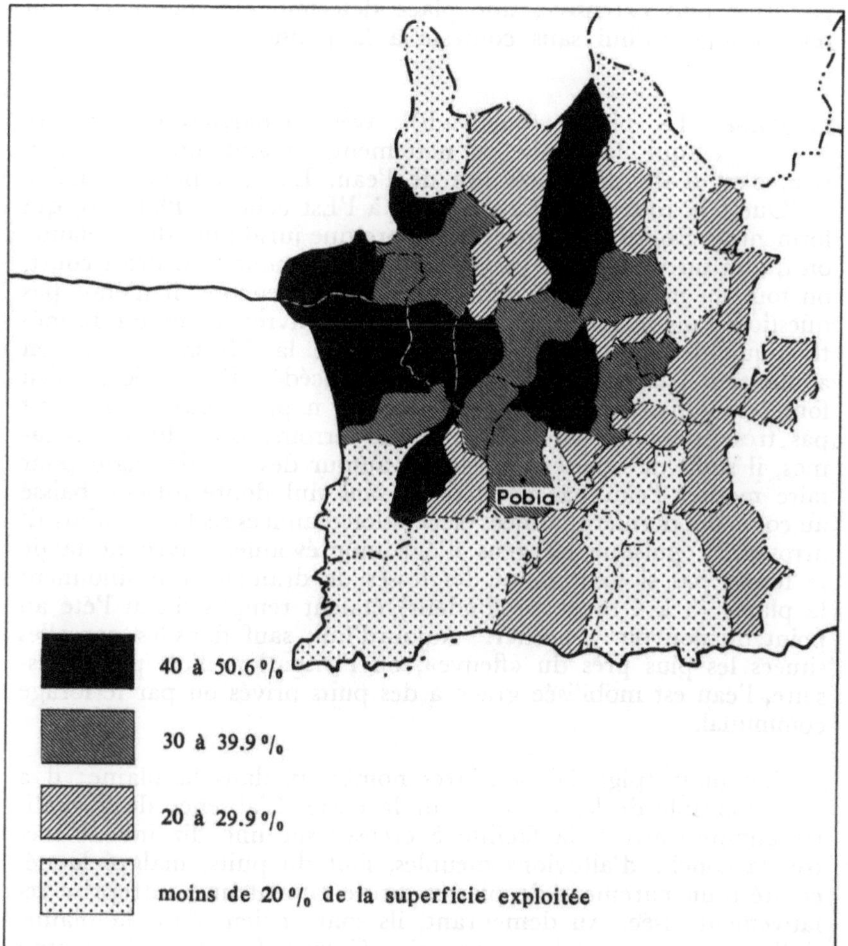

Carte No 7

mais cette tentative, au demeurant isolée, est à rapprocher des cultures de jardin qui se pratiquent à l'intérieur même du village sur des parcelles souvent assez vastes (1 à 2 stremmata). Située sur le versant comme le village, et à ses pieds, la riza, avec ses oliviers, ses terres à céréales, a dû tenir dans l'économie traditionnelle à côté de la montagne, livrée à une économie agropastorale plus extensive, une place déterminante, la place qui revient aujourd'hui sans conteste à la plaine.

La plaine La plaine (ou livadi), avec sa barrière de verdure qui la limite si nettement, quand on descend la riza, c'est d'abord la présence de l'eau. L'été, à peine franchie à l'Ouest la route de Pétrokéfali et à l'Est celle de Platanos, qui forment les frontières matérielles et presque juridiques de la plaine, on quitte un univers de poussière pour un monde où l'eau court, ou tout au moins n'est jamais très loin. Là encore, il n'était pas question dans le cadre de l'enquête de se livrer à une étude méthodique des ressources hydrauliques de la Messara. Nous en avons saisi l'aspect concret, par les procédés d'utilisation qu'en font les cultivateurs. Dans le livadi, la nappe phréatique n'est pas très profonde, car dans certains terroirs, près du Iéropotamos, il suffit de creuser des rigoles autour des ceps de vigne pour faire monter l'eau par capillarité; sans nul doute a-t-elle baissé au cours des dernières années (succession d'années sèches ou abus d'arrosage?), puisque les gens d'âge mûr évoquent avec nostalgie le temps pas si lointain où les fossés de drainage qui sillonnent la plaine (3 à 4 m de profondeur) étaient remplis d'eau l'été au point de pouvoir y pêcher. Aujourd'hui, sauf dans les parcelles situées les plus près du «fleuve», où l'irrigation n'est pas nécessaire, l'eau est mobilisée grâce à des puits privés ou par le forage communal.

Les puits (pigadia) sont très nombreux dans la plaine: il a été impossible de les reporter sur la carte. L'absence de formalités administratives, la facilité à creuser sur une dizaine de mètres la couche d'alluvions meubles, font du puits, malgré la nécessité d'un parement de pierres ou de ciment une entreprise relativement aisée. Au demeurant, ils sont anciens dans la plaine, si l'on en juge par la toponymie (Galano Pigadi). L'eau était autrefois remontée par des éoliennes, dont les silhouettes désarticulées et rouillées attestent la présence; maintenant l'emploi de la petite pompe à moteur est général. A la pompe, transportée du village à dos d'âne, sont adaptés des tuyaux métalliques en segments ou des tuyaux en plastique; les tuyaux sont eux-mêmes déplacés de rigole en rigole, le long des ceps de vigne ou des lignes de légumes ou plus souvent placés en amont d'un réseau de rigoles. Ainsi sont arrosées de nombreuses vignes, des heures,

SURFACES EN CULTURES ANNUELLES

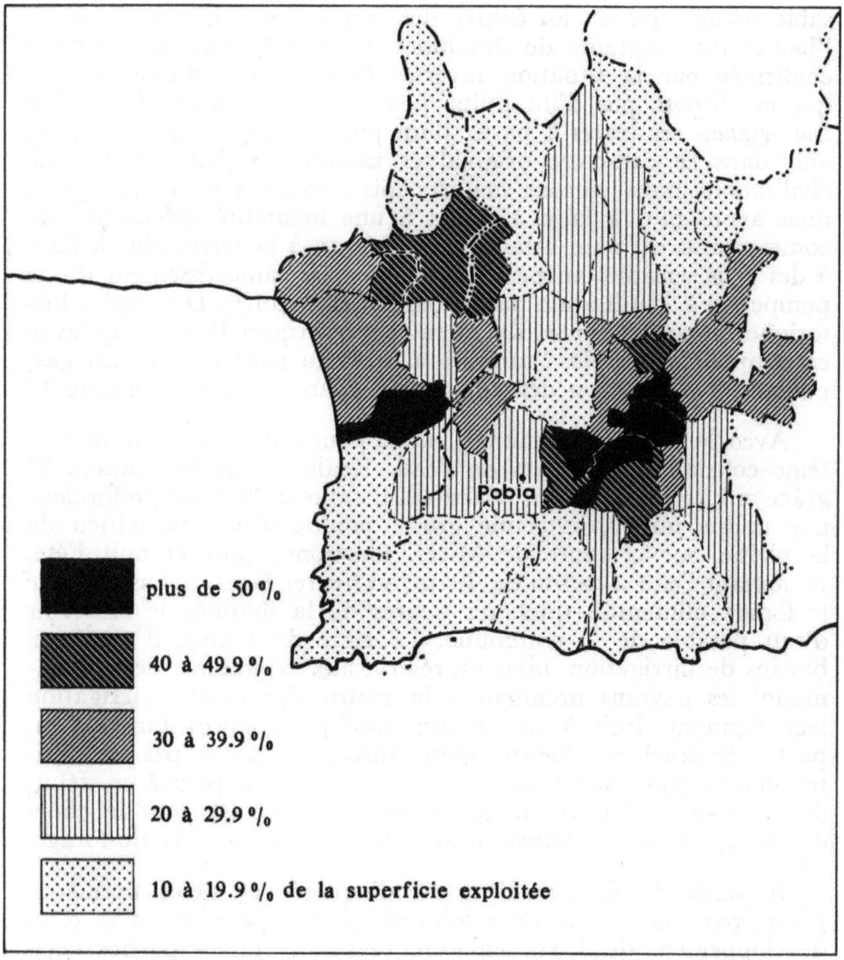

Carte No 8

voire des jours durant, à raison de quelques litres à quelques dizaines de litres par minute, selon la profondeur du puits et la puissance de la pompe.

Il convient de souligner avec force une caractéristique essentielle de cette utilisation de l'eau: contrairement aux vieux pays d'irrigation, où l'eau fait l'objet du marché, c'est ici l'indispensable pompe qui est au centre des transactions. Elle est louée à l'heure une vingtaine de drachmes. Cette observation se trouve confirmée par la situation inverse: le possesseur d'une pompe, qui ne dispose pas d'un puits, peut arroser *en toute liberté et en toute gratuité* ses terres à partir d'un puits voisin. Il est permis de voir dans ce caractère original et rarement signalé un fait de civilisation: nous aurons maintes fois l'occasion de le souligner, nous avons plus à faire à Pobia à une mentalité spéculative de commerçants qu'à un attachement paysan à la terre, plus à faire à des gens sensibles au prix de revient et à l'amortissement d'une pompe qu'à l'utilisation parcimonieuse de l'eau(1). Des études historiques et sociologiques devraient le confirmer. Il reste qu'avec cet emploi incontrôlé, l'utilisation de l'eau peut tourner au gaspillage. Que ferait-on demain si cette manne venait à manquer?

Avec le forage communal, on a pourtant l'amorce d'un système collectif d'utilisation de l'eau. Réalisé dans les années 50 grâce aux crédits du Plan Marshall, il capte à 90 m de profondeur une nappe importante; une grosse pompe située au milieu de la plaine, sur la route de Mirès, fonctionne jour et nuit l'été, remontant l'eau à raison de 70 m^3 à l'heure. Nous avons dit que le forage alimentait quelques heures de la matinée le réservoir d'eau potable de la commune. Le reste du temps, il sert aux besoins de l'irrigation, mais est réservé aux exploitants de la commune: les paysans prennent à la mairie des billets d'irrigation leur donnant droit à un certain nombre d'heures d'utilisation, payées 25 drachmes l'heure. Pour l'instant, il n'y a pas de limitation de temps, mais l'utilisateur est obligé de se plier à un début de discipline collective: il doit se mettre d'accord pour le choix des heures avec les autres utilisateurs et les ouvriers du forage.

A partir du forage, l'eau est distribuée de deux manières. D'une part, un réseau de rigoles cimentées, en forme d'Y, d'un développement de 1 km environ, dessert certaines parties occidentales de la plaine. D'autre part, le long de la canalisation reliant la pompe et le village, sont aménagées des vannes, qui permettent l'irrigation des champs situés à l'est de la route. De là, les systèmes de répartition ne diffèrent guère de ceux des puits: réseau de rigoles en terre faisant suite aux canaux cimentés, tuyaux métalliques adaptés aux vannes de la canalisation. De

(1) Voir aussi M. Sivignon Aspects d'une plaine méditerranéenne la Thessalie in Revue de Géographie de Lyon, 1965, p. 101—129.

SURFACES EN JACHÈRES NON CULTIVÉES

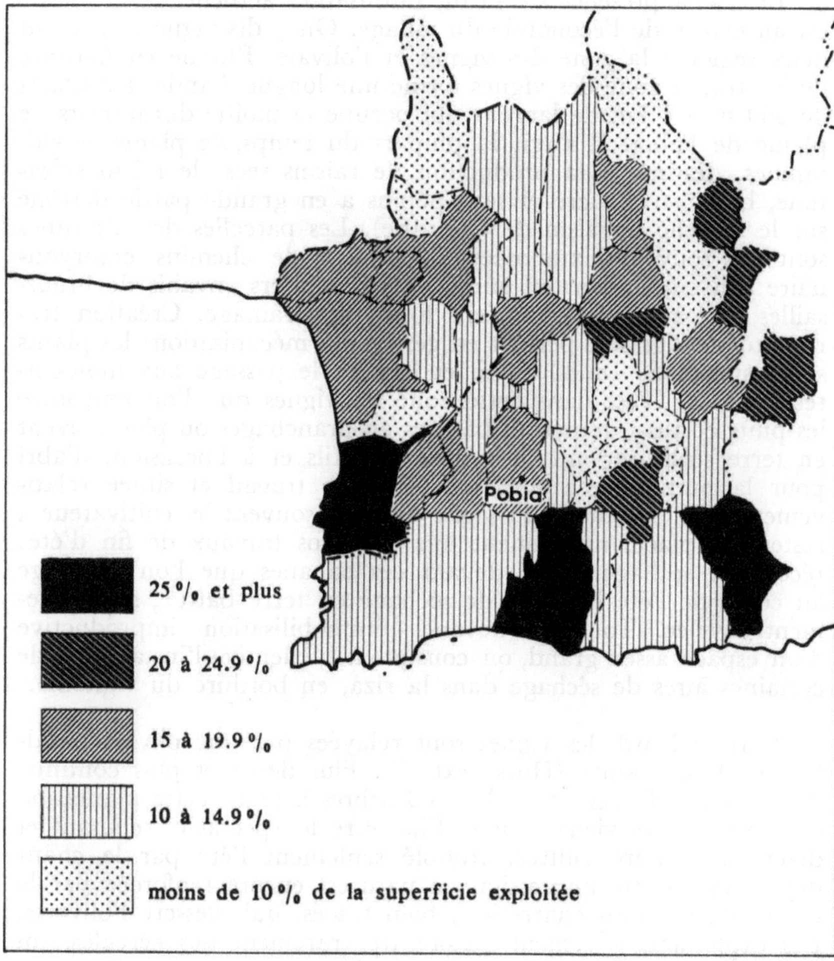

Carte No 9

toute manière, il s'agit toujours d'irrigation de surface. Tel qu'il est, le système souffre d'insuffisances. Le fort débit du forage incite des utilisateurs éloignés (3 à 4 km) à s'en servir, mais la faible extension du réseau cimenté allonge démésurément le trajet de l'eau dans les rigoles de terre et multiplie ainsi les pertes.

Liée à la présence de l'eau, l'utilisation actuelle de la plaine est au centre de l'économie du village. On y distingue facilement deux régions: la zone des vignes et l'olivaie. Établie en bordure de la riza, la zone des vignes forme une longue bande Est-Ouest de 800 m à 1 km de largeur qui occupe la moitié des terroirs de plaine de Pobia. Il s'agit la plupart du temps, de plants de sultanines, destinés à la production de raisins secs (le raisin sultanine, blanc, très sucré et sans pépins a en grande partie détrôné sur le marché le raisin de Corinthe). Les parcelles de sultanines sont très souvent juxtaposées et le réseau de chemins embryonnaire: on circule surtout sur de petits sentiers envahis de broussailles, qui suivent les anciens fossés de drainage. Création très récente, ce vignoble permet en général la mécanisation: les plants sont espacés de 1m.80 à 2m et laissent le passage aux motoculteurs légers. C'est dans cette zone de vignes que l'on rencontre les puits et aussi de petites bâtisses en branchages ou plus souvent en terre sèche servant de remise à outils et à l'occasion, d'abri pour la nuit. Grosse consommatrice de travail et située relativement loin du village, la vigne appelle souvent le cultivateur à rester sur place, notamment lors des gros travaux de fin d'été: récolte et séchage. C'est devant ces cabanes que l'on aménage au cours de l'été les aires de séchage en terre battue, soigneusement nivelée. Toutefois devant l'immobilisation improductive d'un espace assez grand, on constate actuellement l'installation de certaines aires de séchage dans la riza, en bordure du vignoble.

Vers le Nord, les vignes sont relayées par une olivaie parallèle au Iéropotamos (Hors-texte 2). Plus dense et plus continue que l'olivaie de versant (60 à 100 arbres à l'ha), cette plantation contient de très vieux arbres. Elle offre le spectacle reposant et désert d'un parc cultivé, troublé seulement l'été par le chant des cigales. Cette impression de parc est encore renforcée par le réseau de chemins charretiers, bien tracés, qui dessert l'olivette. Les exploitants y sèment encore très rarement des céréales, un peu plus souvent de la vesce ou des pois, mais l'olivaie ne s'anime vraiment qu'à l'automne, à l'époque des labours et l'hiver quand les équipes de femmes procèdent à la cueillette.

Cette division de la plaine est tout à fait remarquable. Il reste que dans le détail, la répartition des cultures peut apparaître confuse, témoignant surtout, semble-t-il, de l'état d'inachèvement de l'évolution actuelle (voir deuxième partie). C'est ainsi que dans la zone des sultanines, on rencontre, outre des vignes à vin, reconnaissables à leur allure plus serrée[1] et moins soignée, des jardins portant l'hiver des choux-fleurs, des artichauts, l'été des tomates, concombres et pastèques. Ces jardins renferment quelquefois des orangers et des citronniers. Il existe encore quelques parcelles en céréales. Le croquis nº 10 donne une idée de cette imbrication locale des cultures. Toutefois, ces nuances négligées, la répartition longitudinale de la plaine n'en apparaît que plus remarquable. La comparaison avec la commune de Mirès (au Nord du Iéropotamos sur la carte Hors-texte 2) est particulièrement intéressante: de parallèle aux courbes de niveau, l'organisation du finage devient ici brutalement perpendiculaire et les bandes de vigne alternent avec les bandes d'oliviers. Plus que dans les différences naturelles la solution serait surtout à rechercher dans les processus d'occupation du sol : sans doute organisation très récente à Mirès, postérieure au départ des Turcs. Là encore, les éléments d'investigation historique manquent. Il en est en grande partie de même pour l'étude du morcellement.

Esquisse d'une étude du morcellement

Nous ne possédons pas ici cette ressource incomparable qu'est le cadastre[1]. Nous avons tenté de pallier cette lacune par la photo aérienne et l'enquête directe. Nous disposons pour la région d'une bonne couverture aérienne récente (1959) au 1:16 000. Elle est particulièrement utile pour la mise en place des zones de cultures. Elle est d'un emploi plus délicat pour l'étude du parcellaire. Les parcelles de céréales de la riza se distinguent notamment difficilement les unes des autres et il est impossible de calculer ainsi leurs superficies. Tel quel, le document permet d'apporter d'utiles précisions sur la direction et la forme des parcelles. Les champs apparaissent en général trapus et massifs: sans que le carré l'emporte vraiment, la largeur est rarement comprise plus de deux fois dans la longeur. Peut-être les parcelles sont-elles plus allongées dans la riza que dans la plaine. Mais le fait le plus remarquable est l'orientation systématique du parcellaire. Nous retrouvons ici l'orientation privilégiée Est-Ouest, que nous avons déjà relevée dans l'ordonnancement des zones de cultures. Au nord-est du finage, cette direction s'infléchit et devient Nord-Ouest-Sud-Est, et il n'est pas certain que la direction prédominante se maintienne dans l'olivaie de plaine (impossibilité de distinguer le parcellaire, vu la densité de la plantation). En tout cas le Iéropotamos franchi, le parcellaire devient

(1) Plus anciennes que les vignes à sultanines, leurs plants sont espacés seulement d'un mètre et doivent être bêchés à la main.

(2) Inconnu en Grèce du Sud—jusqu'à plus ample informé—, un cadastre existe dans certaines régions de plaine de la Grèce du Nord, depuis l'installation des réfugiés d'Asie Mineure (1922-1925): Thessalie, Macédoine.

systématiquement Nord-Sud. Plus qu'un contact de terroirs, le parcellaire révèle ici des structures agraires d'âge différent: une vieille structure à Pobia, avec ses parcelles parallèles aux courbes de niveau, témoignant peut-être d'une appropriation progressive et individuelle des terres à partir du village, une structure récente à Mirès, avec un découpage systématique et définitif.

Nous avons essayé de tirer parti de l'enquête directe pour donner une image du morcellement dans les différents terroirs du finage. L'entreprise était risquée, d'une part parce que nous ne disposions pas d'une énumération exhaustive des parcelles du village, d'autre part parce que nous avons trouvé dans nos questionnaires mention de plus de 150 lieux-dits, dont nous n'avons pu replacer qu'une cinquantaine sur la carte. La carte Hors-texte 3 n'en fait pas moins apparaître d'intéressants résultats. Elle représente dans les différents terroirs la répartition par taille des parcelles. Comme il est naturel, nous retrouvons à l'intérieur du finage de Pobia les disparités qui opposent en Messara terroirs de montagne et terroirs de plaine: d'après le Recensement agricole de 1961, la superficie moyenne des parcelles était de 6.8 stremmata à Pigaïdakia (commune de montagne), de 3.7 stremmata à Pobia (versant), de 2.7 stremmata seulement à Pétrokéfali (plaine). A Pobia, les parcelles de montagne dépassent la plupart du temps 5 stremmata, souvent 10 stremmata (1 hectare), ce qui constitue pour la Grèce d'immenses parcelles. Dans la riza, les valeurs moyennes se regroupent dans la catégorie de 2 à 5 stremmata, tandis que le morcellement atteint son maximum dans la plaine avec des valeurs très souvent inférieures à 1 stremma.

Ces inégalités d'ensemble demandent à être nuancées en fonction de deux facteurs, l'éloignement du village et les cultures dominantes dans les différents terroirs, donc en définitive par les possibilités de valorisation de la terre. Dans un terroir de montagne près du village, 40% des parcelles ont moins de 5 stremmata, dont 20% moins de 1 stremma: c'est là que se sont maintenues quelques cultures de céréales. Dans la riza, les terroirs proches de la route et du village, qui sont l'objet d'une céréaliculture relativement intensive ont des pourcentages proches des terroirs de plaine. 88% des parcelles ont moins de 2 stremmata à Roussès (dont 76 moins de 1 stremma), et pour Apiganiès les chiffres sont respectivement de 75 et de 50%. Dans la plaine, les parcelles de sultanines qui réclament un travail intensif et ont une productivité relativement élevée supportent un morcellement important: 96% des parcelles ont moins de 2 stremmata à Valécolithos, 86% à Mavri Potamida près du forage; mais l'olivaie de plaine est moins morcelée: 60% de parcelles de moins de 2 stremmata à Pobiano Pérama, 55% à Plati Sporos. (Toute-

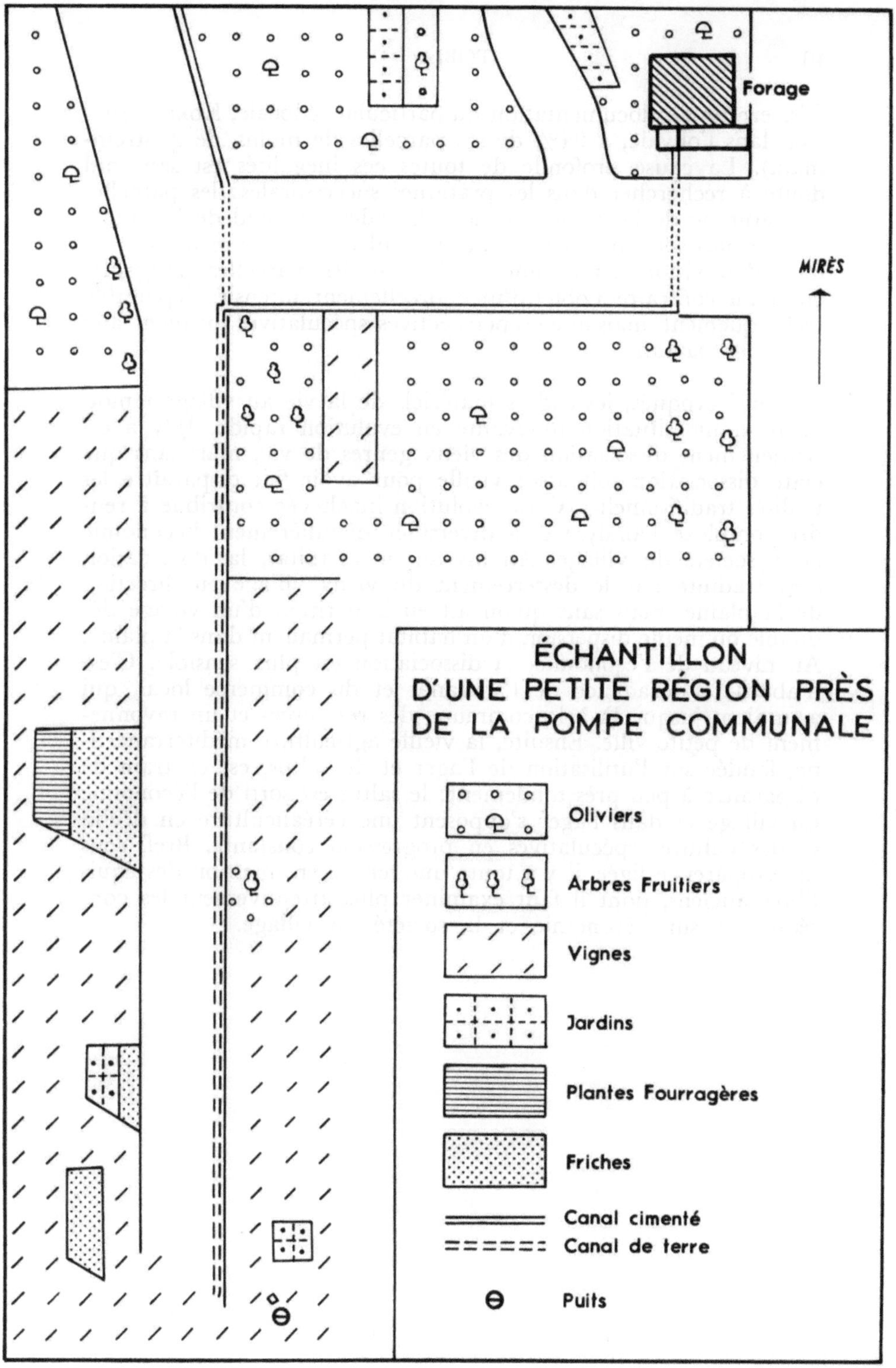

Échelle approximative 1/250 *Carte No 10*

fois, erreur de documentation ou particularité locale, Kokino Sporos, dans l'olivaie, a 94% de ses parcelles de moins de 2 stremmata). La cause profonde de toutes ces inégalités est sans nul doute à rechercher dans les pratiques successorales: les parcelles de pâturage de la montagne dont la valeur dépend de l'étendue sont le plus souvent attribuées à un seul héritier ou même restent dans l'indivision depuis une génération, les parcelles irrigables étant au contraire l'objet d'un morcellement intensif, déplorable techniquement, mais que les perspectives spéculatives justifient aux yeux des paysans.

Ainsi évoqués, les cadres matériels de la vie au village témoignent d'une situation mouvante en évolution rapide. Il y a essentiellement dissociation des vieux genres de vie, mais sans que cette dissociation soit assez vieille pour avoir fait disparaître les réalités traditionnelles. Cette évolution inachevée contribue à rendre complexe l'analyse et à diversifier singulièrement l'économie et la société du village. Au niveau de l'habitat, la dissociation s'est traduite par le desserrement du vieux village en direction de la plaine, mais sans qu'on ait eu apparition d'un village dédoublé ou même dispersion d'un habitat permanent dans la plaine. Au niveau de l'économie, la dissociation est plus sensible. C'est d'abord la décadence de l'artisanat et du commerce local, qui assuraient jusque là à la commune des ressources et un rayonnement de petite ville. Ensuite, la vieille agriculture méditerranéenne, fondée sur l'utilisation de l'ager et du saltus, est en train de disparaître à peu près totalement: le saltus est sorti de l'économie du village et dans l'ager s'opposent une céréaliculture en déclin et des cultures spéculatives en progression constante. Bref, sous une apparence figée, il y a toute une remise en question des équilibres anciens, dont il faut examiner plus attentivement les conséquences sur l'économie et la société du village.

CHAPITRE II

ÉCOMOMIE ET SOCIÉTÉ RURALES

Pobia offre beaucoup de traits communs avec les descriptions classiques de l'agriculture méditerranéenne. Il n'entre pas dans nos intentions de brosser un tableau complet que d'autres ont fait avant nous. Nous nous devons d'insister au contraire sur les caractères originaux. Nous passerons vite sur les céréales et les oliviers, nous nous attacherons beaucoup plus aux sultanines, dons les travaux sont moins connus. Nous nous arrêterons surtout sur les structures sociales; la Messara n'est pas le Mezzogiorno: elle n'oppose pas à quelques latifundiaires nantis une armée de journaliers agricoles. Elle n'est pas non plus à l'image de cette démocratie de petits propriétaires fonciers que d'aucuns ont voulu voir en Grèce. En fait, elle présente à l'observateur toute une série de niveaux sociaux, qui vont de l'ouvrier agricole au propriétaire absentéiste. La société rurale n'est pas une: sans être scandaleuses, des inégalités existent qu'on aurait tort de négliger.

I. LES GRANDS PRODUITS DE L'EXPLOITATION

A Pobia, toute exploitation est bâtie sur un modèle à peu près immuable: des oliviers sur le versant et dans la plaine, des champs vides en général sur le versant, des vignes à sultanines et des vignes à vin dans la plaine.

Voici une exploitation moyenne de Pobia: H... possède 33 stremmata de terre, soit 3.3 hectares; il les exploite avec sa femme: il n'a qu'une fille en bas âge (six ans), qui ne peut encore l'aider. Il reste entendu qu'H... n'est pas l'archétype des exploitants du village; il n'y a pas d'exploitant-type à Pobia, mais chaque exploitation peut donner une idée des grands produits cultivés. H... dispose de 4 parcelles sur la riza (versant):

1e) une parcelle de 4 stremmata est cultivée alternativement en orge et en légumes secs (pois-chiches ou fèves);

2e) une parcelle de 4 stremmata: 3 stremmata sont semés chaque année en orge, une partie est consommée en vert par les bêtes; l'autre partie fournit la maison en grain; 1 stremma est consacré l'hiver à des pommes de terre, l'été à des courgettes;

3e) une parcelle de 5 stremmata porte un olivier producteur et 15 jeunes plants encore improductifs. H... y cultive chaque année du blé; plus tard, il ne sèmera qu'une année sur deux, quand les oliviers ne porteront pas de fruits;

4e) une parcelle de 1 stremma: on y trouve 7 oliviers, 4 grands et 3 petits; H... y pratique un assolement triennal: orge —pois— jachère.

Dans le livadi (plaine), H... exploite 6 parcelles:

1e) une parcelle de 4 stremmata, louée à un parent, est cultivée avec un assolement fèves —orge —orge;

2e) une parcelle de 4 stremmata, louée elle aussi. La parcelle porte une vingtaine d'oliviers. H... s'engage à les labourer mais n'en recueille pas le fruit. Pour prix de son travail, il peut y semer ce qu'il veut: en 1964, des vesces, mangées en vert par ses bêtes;

3e) trois parcelles de vignes à sultanines (1 stremma, 3 stremmata, 2 stremmata). H... se fait ici aider par des salariés agricoles: il loue un motoculteur et son conducteur pour bêcher mécaniquement les ceps; il embauche une dizaine de femmes pour faire la récolte du raisin;

4e) une parcelle de 5 stremmata de vignes à vin.

H...possède 4 ânes, 1 chèvre, 4 moutons, 2 vaches. A la réflexion, il appartient aux exploitants plutôt aisés, ce qui ne veut pas dire aux exploitants sans problèmes. Son exploitation n'en donne pas moins une image concrète et exacte des grands produits agricoles: les céréales, les oliviers et la vigne sont les piliers de l'économie du village.

a) Les céréales Sur un finage total de 1500 hectares, 1200 sont cultivés, dont 180 environ avaient été ensemencés en céréales au cours de l'année agricole 1963-1964: 50 en blé, 90 en orge, 40 en avoine. Les emblavures sont donc largement dominées par l'orge, qui supporte mieux les chaleurs de printemps. Il s'agit de toute façon de céréales d'hiver, la précocité de l'été interdisant toute semaille de printemps. Les labours ont lieu au début de l'automne avant les premières grandes pluies. Les semailles commencent en Octobre et doivent être finies en Décembre. En général, en même temps que les graines, on épand des engrais phosphatés. Quand la plante commence à sortir de terre, on ajoute souvent des nitrates. La moisson est terminée à la fin du mois de Juin. Lorsque la récolte a été levée, les bêtes sont envoyées sur les champs. En année de jachère, la terre est cultivée: après les chutes de pluie, on pratique trois à quatre labours pour retenir l'humidité dans le sol (dry-farming).

Ce tableau général doit être assorti de nuances que l'enquête directe et l'exploitation des questionnaires ont révélées(1). Comme le laissait prévoir la description des paysages, les céréales sont surtout cultivées sur la riza: sur 249 parcelles emblavées recensées, 50 seulement se trouvent dans le livadi. Nous donnons une liste des principaux assolements rencontrés sur la riza, classés par type d'exploitation.

Assolements céréaliers sur la riza
% du nombre de parcelles

Assolements	Taille des exploitations			
	— de 20 str.	de 20 à 39 str.	de 40 à 69 str.	+ de 70 str.
Blé, jachère	8.8	18.9	14.7	17.9
Céréale second., jachère	33.8	18.9	20.5	12.8
Total Assolements biennaux classiques	*42.6*	*37.8*	*35.2*	*30.7*
blé, céréale second., jachère	14.7	15.5	5.8	30.7
céréale secondaire, céréale second., jachère.	4.1	6.8	11.7	5.1
Total assolements triennaux classiques.	*18.8*	*22.3*	*17.5*	*35.8*
Total Assolements classiques avec jachère	*61.4*	*60.1*	*52.7*	*66.5*
Autres assolements	38.6	39.9	47.3	33.5

Comme le fait ressortir le tableau précédent, la grande majorité des exploitations de toutes tailles pratiquent encore des assolements classiques, biennaux ou triennaux, avec jachère. Une nuance doit être toutefois apportée à cette affirmation: on ne rencontre pas un très grand souci d'équilibre entre les différentes parcelles d'une même exploitation. Il n'est pas rare de constater que toutes les parcelles d'un exploitant sont une année ensemencées en orge, l'autre année laissées en jachère. Nous n'avons pas pu trouver de raisons déterminantes à cet usage: peut-être les

(1) Nous avons volontairement limité la présentation des résultats tirés des questionnaires. Rappelons que le lecteur intéressé pourra trouver en annexe le formulaire du questionnaire posé (Annexe I, p. 133). Nous avons posé ce questionnaire dans 200 ménages du village, pris au hasard: aux Recensements de 1961, Pobia comptait 649 ménages et 388 exploitations agricoles. Bien que nous soyons assuré d'une large représentativité et malgré le soin apporté à la formation sur le terrain des enquêteurs, la prudence nous incite à restreindre la publication des données recueillies: beaucoup de questionnaires se sont en effet révélés imprécis et difficilement exploitables statistiquement. Il était certainement difficile qu'il en fût autrement vu le degré de formation théorique de la plupart des enquêteurs. Nous remercions M. T. Christias de nous avoir aidé à tirer de cette masse de documents quelques lignes générales qui ne semblent pas douteuses.

années pluvieuses sont-elles suivies de semailles plus généralisées? Il reste qu'un nombre non négligeable de parcelles est soumis à des assolements irréguliers, propres à un exploitant particulier, finalement inclassables. Le phénomène répond autant à l'application de recettes personnelles, jugées capables de pallier l'instabilité climatique ou l'infertilité des sols, qu'à l'inachèvement de l'évolution actuelle.

Il y a en effet incontestablement diversification des assolements et allongement des cycles culturaux. Dans quelle mesure l'évolution actuelle entraîne-t-elle une réduction de la jachère? Deux tendances contradictoires sont en présence. Les céréales sont en recul(1); dans le cadre de l'exploitation, la suppression n'est pas brutale, mais l'on passe aisément, par exemple, d'un assolement orge—jachère à un nouvel assolement où les années de jachère se succèdent deux ou trois années de suite: l'aboutissement logique est l'abandon complet des céréales, voire le retour à la friche. Par ailleurs, on constate l'introduction dans les assolements céréaliers classiques de légumes secs (fèves ou pois), mais aussi plus récemment de légumineuses destinées à être mangées en vert par le bétail (vesces) et aussi de pommes de terre. En fait, l'allongement de la rotation se traduit rarement par la suppression de la jachère (l'assolement le plus fréquent est alors orge—blé—fève—orge—blé), mais plutôt par son espacement; on arrive ainsi à des assolements du type: fève—orge—fève—jachère—fève(2). La plupart du temps, cette intensification des systèmes de cultures est l'œuvre des moyens exploitants (40 à 69 stremmata). Comme nous le verrons, ce sont eux qui rencontrent le plus de difficultés économiques et qui cherchent souvent à espacer la jachère par manque de terres cultivables. Il n'est pas surprenant de trouver dans cette catégorie le plus fort pourcentage réservé aux assolements non-classiques (47.3%). Les plus petits exploitants ont des ressources annexes et sont moins enclins à valoriser leur exploitation et les grands ont assez de terre pour se contenter des rotations les plus extensives. A côté de ces disparités socio-économiques, les irrégularités climatiques influent aussi: un hiver particulièrement arrosé incite les exploitants à semer en Mars des fèves ou des pois dérobés sur la jachère et récoltés en Mai. Quoi qu'il en soit, le recul de la jachère est loin d'être encore un phénomène massif.

Les structures agraires introduisent d'importantes nuances dans

---

(1) Voir deuxième partie, p.84

(2) Il faut signaler un système de culture assez fréquent dans les petites parcelles du livadi: on sème ensemble orge et vesce. Les bêtes consomment la récolte en vert dès le mois de Février, ou plus rarement, le produit est moissonné en Avril et donné au bétail sous forme de fourrage. Chaque année, l'assolement se reproduit sans jachère.

ce tableau d'ensemble. Le tableau précédent montre l'importance décroissante de l'assolement biennal, quand on passe des petites aux grandes exploitations et l'accroissement parallèle des pourcentages attribués à l'assolement triennal. Ce résultat est confirmé par un autre critère: 21% des parcelles emblavées de moins de 1 stremma, qui correspondent en général aux petites exploitations, sont cultivés en assolement biennal; mais 28% des parcelles emblavées de plus de 10 stremmata (donc des grandes parcelles dépassant l'hectare, qu'on ne rencontre que dans les grandes exploitations) reçoivent un assolement triennal classique. La tendance est incontestable. L'explication est plus difficile. Contrairement aux apparences le système pratiqué de préférence par les grands exploitants ne semble pas plus intensif: les calculs faits sur la consommation d'engrais par type d'exploitation ne font pas apparaître de disparités majeures. Les grands exploitants —consciemment ou non— espacent sans doute la jachère au détriment des rendements. Nous aurons l'occasion de signaler plus d'une fois cette tendance «extensive» des grands exploitants, qui disposent de plus de ressources en terres. A l'opposé de l'échelle sociale, ce sont les tout petits exploitants qui ont très souvent abandonné complètement les céréales. Il est difficile de déplorer la chose. Très souvent, il s'agissait de parcelles du livadi, qui ont été reconverties en vignes à sultanines. Ailleurs, ce sont les oliviers qui ont profité de l'exclusion des céréales cultivées à leurs pieds. Dans l'état actuel des techniques et des structures agraires, la céréaliculture n'est rentable que sur de grandes surfaces. Il est assez original que les petits exploitants l'aient compris aussi vite; la résistance des traditions culturales a finalement été faible devant les impératifs économiques: c'est témoigner d'une mentalité assez différente de celle attribuée en général aux petits paysans.

Si nous envisageons maintenant la production, les rendements restent relativement faibles: 14.8 quintaux à l'hectare pour l'orge, 13 pour le blé, 10 seulement pour l'avoine (moyennes des trois dernières années). Autant que l'instabilité climatique, en est responsable la faible consommation des engrais. L'engrais naturel, très rare dans le village, n'est pratiquement pas utilisé pour les céréales, sauf quand elles sont semées sous des oliviers. Les engrais chimiques sont distribués par la Banque Agricole de Mirès: ils sont en général avancés à titre de prêts de campagne, et remboursables sur la récolte. Les adhérents de la «coopérative» du village bénéficient de formalités plus courtes: la «coopérative» se charge d'effectuer les commandes en bloc et la livraison est faite sur la place Stavros, où chacun vient prendre possession de son lot. C'est là à peu près la seule fonction de la «coopérative». La méthode a du bon. Malheureusement, elle rejette dans les mains de l'épicier de village les exploitants trop pauvres pour garantir leurs emprunts à la Banque ou trop malchanceux pour les rembourser. Il faut alors se contenter de quelques sacs avancés à des taux plus ou moins usuraires, ou de pas d'engrais du tout. Quoi qu'il en soit, la plupart des exploitants utilisent un peu d'engrais chimiques pour les céréales, essentiellement des composants phosphatés (0.16.0). Les quantités moyennes employées sont de l'ordre de 400 kilos par hectare.

La majeure partie de la production céréalière ne sort pas du cycle de l'autoconsommation. L'orge est souvent mangé sur pied par le bétail. Le reste est consommé en grain par la volaille; le surplus est à l'occasion troqué chez l'épicier contre du sucre ou du savon. L'avoine est consacrée aux mulets et aux ânes. L'année où les oliviers ne produisent pas, les plus prévoyants augmentent leurs emblavures en avoine: l'hiver suivant, l'avoine se vend bien aux charretiers qui transportent les olives à la presse. Mais la grande affaire reste le blé. Évidemment certains en vendent, mais on est bien content quand la production suffit à faire le pain pour l'année. Seuls les plus pauvres ou les plus évolués achètent le pain. Les autres «cuisent» leur pâte une fois par mois ou la portent chez une voisine, peu fortunée, qui tire bénéfice de l'opération, à la rigueur chez le boulanger. En période de soudure, on préfère acheter la farine et faire son pain. Sauf pour certains grands propriétaires qui en retirent quelques avantages, les céréales sont un luxe qui coûte cher: les habitudes alimentaires lui assureront encore la vie dure.

b) Les oliviers Il y a 43 000 oliviers à Pobia, selon le Recensement agricole de 1961, 61 000 d'après l'agronome du Ministère de l'Agriculture, 85 000 pour la Banque Agricole. Peu importe au fond. La variété locale—throumpoélia ou chondroélia—donne des fruits moyens. A peu près tous les ménages de Pobia, même les plus pauvres, possèdent quelques oliviers. Comme dans d'autres civilisations les têtes de bétail, le nombre de plants d'oliviers sert ici à assurer la richesse d'une famille. Un olivier peut d'ailleurs être curieusement séparé de la terre qui le porte. Il n'est pas rare de trouver des exploitants qui ne possèdent que la jouissance du sol sans la propriété des oliviers. L'exemple inverse se rencontre aussi fréquemment chez les plus pauvres: ils ont ici et là, «en terre étrangère»[1], des oliviers isolés, appelés sikomatari. Cette situation embrouillée provient à la fois des donations et des héritages. Autrefois, les familles riches du village donnaient à un ménage pauvre la jouissance de quelques oliviers. Au cours des âges, cette jouissance s'est transformée en propriété de plein droit. Le souci de partager également les héritages aboutit au même

(1) Traduction littérale du grec sto xéno khorafi.

résultat; un champ de 6 stremmata, contenant 20 oliviers inégalement répartis, sera par exemple divisé en deux lots de 3 stremmata chacun; si l'un des lots contient 14 oliviers, le nouveau propriétaire devra reconnaître à l'autre héritier la jouissance de 4 oliviers. Outre l'imbroglio juridique qu'elle suscite dans un pays de droit coutumier, cette situation aboutit souvent à l'abandon d'arbres qui ne sont plus entretenus par leur légitime propriétaire.

Eu égard aux revenus qu'il procure(1), l'olivier est l'objet de peu de soins. Les gros travaux sont les labours et la récolte. En principe, quand les oliviers sont cultivés seuls, on fait deux labours: le premier, en Février, si l'année n'est pas trop pluvieuse, ou en Mars, enfouit les herbes poussées pendant la saison des pluies; le second, fin Avril, n'est pratiqué que pour les bons producteurs et quand on attend une récolte. Nous donnons ci-après un aperçu des modes de labour des oliviers. Les résultats sont valables, à des nuances près, pour les terres vides cultivées en cultures sèches.

Modes de labour des oliviers
% du nombre d'exploitations

	RIZA				LIVADI			
Taille des exploitations	—20 str.	20 à 39 str.	40 à 69 str.	+70.	—20 str.	20 à 39 str.	40 à 69 str.	+70.
Tracteur loué	29.0	32.4	40.0	31.5	36.2	43.3	35.7	44.4
Attelage loué	51.6	48.6	25.0	15.7	37.9	43.3	35.7	11.1
Attelage personnel.	12.9	8.1	35.0	26.3	20.6	23.3	28.5	22.2
Tracteur personnel.	—	—	—	10.0	—	—	—	11.1
Pas de labour ...	6.4	10.8	—	15.7	5.1	—	—	11.1

Le tableau fait ressortir l'importance de la mécanisation des labours. Dans la riza, plus de 30% des exploitations, dans le livadi, plus de 40%, effectuent les labours annuels au tracteur. Sauf pour les deux propriétaires de tracteur, il s'agit de tracteurs loués au stremma (35 drachmes en champ ouvert, 40 drachmes en olivaie). Ce sont des tracteurs de 35 CV, achetés en 1962 par des exploitants aisés du village (l'un nous déclare plus de 100 stremmata, l'autre plus de 70). La Banque Agricole n'attribuant pas de subvention pour les tracteurs dans la région, ils les ont acquis grâce à des prêts privés, souscrits chez le revendeur. Le morcellement des exploitations, le regroupement des labours sur une courte période entraînent une surutilisation et une usure rapide du matériel. Les conducteurs essaient d'effectuer des groupages, pour éviter les pertes de temps, mais les habitudes de l' attelage sont encore fraîches: on nous avoue naïvement que lors-

(1) Voir deuxième partie, p. 88

que le champ dépasse 15 stremmata (1.5 hectare), les deux tracteurs effectuent le labour ensemble! Théoriquement, l'exploitation d'un tracteur rapporte bon an mal an, 100 à 150 000 drachmes. En fait, il faut compter avec les clients peu pressés de payer le travail.

En tout cas, le labour au tracteur élimine rapidement le labour à l'araire attelée de bœufs. Socialement, la mécanisation entraîne une diminution sérieuse des revenus des petits ou des moyens exploitants, qui se louent à la journée avec leur attelage (120 drachmes par jour). Techniquement, elle amène aussi la disparition rapide des bœufs et des rares chevaux. Là encore, la résistance est inégale suivant la catégorie d'exploitants. Les plus fidèles à l'attelage sont les exploitants moyens (40 à 69 stremmata) qui conservent les moyens de nourrir leurs bêtes et devant les difficultés économiques rencontrées essaient de réduire leurs dépenses, en évitant de donner leurs terres à labourer au tracteur. De même, l'attelage se maintient mieux dans les petites exploitations, où le morcellement est plus important: dans la riza, plus de la moitié des exploitants de moins de 20 stremmata font encore labourer leurs terres à l'attelage. Un dernier fait mérite d'être souligné: près de 15% des grands exploitants ne labourent pas leurs oliviers; la tendance «extensive» de la grande propriété se trouve encore une fois confirmée.

La récolte des oliviers a lieu de Novembre à Mars. C'est essentiellement le travail des femmes, qui étendent des bâches et gaulent les fruits. Pendant des semaines, l'olivaie s'anime. La journée, de petits groupes de femmes en noir, fichus sur la tête, se déplacent lentement d'arbre en arbre. Le soir venu, les hommes qui ont fini le labour viennent ramasser les sacs d'olives au bord des chemins. Et dans la brièveté des crépuscules d'hiver, c'est le spectacle souvent répété, mais toujours émouvant: les petits ânes trottinent vers le village, ployant sous le poids de l'araire, de deux sacs d'olives et des rameaux d'olivier précieusement rapportés pour alimenter le foyer domestique; heureux encore si le maître ou la maîtresse ne s'est pas juchée sur l'ensemble. Seules les familles pauvres, qui ont peu d'argent et encore moins d'oliviers, assurent elles-mêmes la récolte. Les moyens et grands exploitants louent pour plusieurs mois les femmes et les filles du village; pour les ménages modestes, c'est une partie de l'essentiel assurée: chaque ouvrière reçoit en effet deux kilos d'huile par jour de récolte. Dans d'autres régions de la Grèce – au mont Athos par exemple[1] – la récolte des olives entraîne des migrations régionales de main d'œuvre assez importantes. Ici, la main d'œuvre féminine locale est pour l'instant suffisante.

(1) Des ouvriers agricoles se déplacent de toute la Chalcidique pour venir récolter les riches olivaies des monastères.

Hors les labours et la récolte, les oliviers sont pratiquement abandonnés. La taille des arbres est anarchique, les produits anticryptogamiques à peu près inconnus: seuls quelques exploitants particulièrement avertis signalent l'emploi de D. D. T. On est peu au courant de la mouche «olearia» et pendant notre séjour, l'agronome du Ministère faisait une conférence de vulgarisation sur ses ravages. Les quantités d'engrais employées sont encore très faibles: de 3 à 10 kg d'engrais chimiques (en général engrais composés riches en nitrates et en potasse) par arbre et par récolte; la plupart des exploitants ne mettent d'engrais que l'année de production et beaucoup n'utilisent pas d'engrais du tout. A cela s'ajoutent les pratiques encore courantes de cultures associées, qui, pour appeler des réminiscences virgiliennes, n'en nuisent pas moins aux oliviers et aux cultures. Le tableau suivant donne une idée de ces usages.

Cultures associées à l'olivier sur la riza
% du nombre de parcelles

	Taille des exploitations			
	—de 20 str.	20 à 39 str.	40 à 69 str.	+ de 70 str.
Oliviers cultivés seuls	59.9	64.1	65.2	47.1
Cultivés avec des céréales . .	33.8	29.0	33.3	48.5
Cultivés avec d'autres cultures	6.2	6.8	1.4	4.3

Les cultures associées aux oliviers sont en voie de disparition dans l'olivaie dense du livadi: moins de 20% seulement des parcelles recensées en oliviers contiennent des cultures intercalaires. Elles se maintiennent beaucoup mieux sur la riza, où les arbres sont plus espacés. Le tableau précédent montre que ces résistances sont inégales suivant les exploitations. Là encore, les grands exploitants se signalent par les plus hauts pourcentages de pratiques extensives.

Toutes les insuffisances signalées accentuent encore l'irrégularité des récoltes due au cycle biologique[1] des oliviers: 350 tonnes d'huile à Pobia en 1960-61, 20 tonnes en 1961-62, récolte nulle en 1962-63, 300 tonnes en 1963-64. Il est certain que l'irrégularité biologique et l'instabilité climatique ne sont pas à elles seules responsables de ce profil en dents de scie. Les négligences des cultivateurs —au premier chef les cultures de céréales associées et la concentration des soins culturaux dans la seule année de grande production— sont aussi des causes majeures. Dans

(1) Une année, un rameau porte des bourgeons à feuilles, l'année suivante des bourgeons à fleurs: de ce fait, chaque rameau n'est productif en principe qu'une année sur deux.

l'état actuel des prix agricoles, et des habitudes alimentaires du pays, l'olivaie mériterait une mise en valeur plus rationnelle et plus attentive.

c) **Les vignes** En 1964, les vignes occupaient à Pobia 240 hectares qui se décomposaient ainsi: 180 hectares de vignes à sultanines, 50 hectares de vignes à vin, 10 hectares de vignes à raisin de table. La superficie en vignes dépassait ainsi et d'assez loin les surfaces emblavées, pour des rentabilités bien supérieures. La vigne a détrôné dans le paysage et dans l'économie du livadi la céréaliculture traditionnelle. En fait, la révolution est essentiellement due à l'augmentation récente considérable des surfaces en sultanines. Ces modifications ont entraîné des répercussions techniques et sociales importantes.

Dans de nombreux cas, l'enquête directe a saisi sur le vif l'implantation des sultanines: les exploitants nous déclaraient très souvent que telle parcelle de sultanines était, il y a cinq ou dix ans, en friche, en céréales, plus rarement en vignes à vin. Réclamant des soins attentifs pour une période improductive assez longue (cinq à six ans), la plantation des ceps donne lieu à des contrats originaux. La plupart du temps, elle est l'œuvre de l'exploitant. Mais assez souvent, le propriétaire du terrain confie la plantation à un métayer. Les conditions sont assez récentes pour que la coutume ne soit pas encore fixée. Dans la formule la plus couramment employée, le propriétaire fournit la terre; le métayer met les plants (personnels ou de pépinière), les engrais et son travail; dans les trois premières années, il pratique à son propre compte des cultures intercalaires de légumes, qui profitent des soins culturaux donnés à la vigne; quand les plants sont prêts à produire, le propriétaire récupère la terre et paie chaque cep au métayer. Dans d'autres villages de la Messara, la formule se rapproche du missiaka(1) que nous évoquerons bientôt: le propriétaire et le métayer partagent ici tous les frais, mais ils partagent aussi la vigne à la fin du contrat. La formule est évidemment plus avantageuse pour le métayer.

Les conditions climatiques et pédologiques générales sont favorables à la sultanine: la chaleur des étés, la luminosité de l'atmosphère à cette saison assurent notamment une abondante formation de sucres dans la grappe; le manque d'acidité, qui en est la rançon, n'influe pas, puisque le raisin n'est pas destiné à la vinification(2). Pour assurer une récolte abondante et ré-

(1) Voir page 61

(2) Voir G. Galtier. Le vignoble espagnol, in Information Géographique Mars-Avril 1964, p. 47-64.

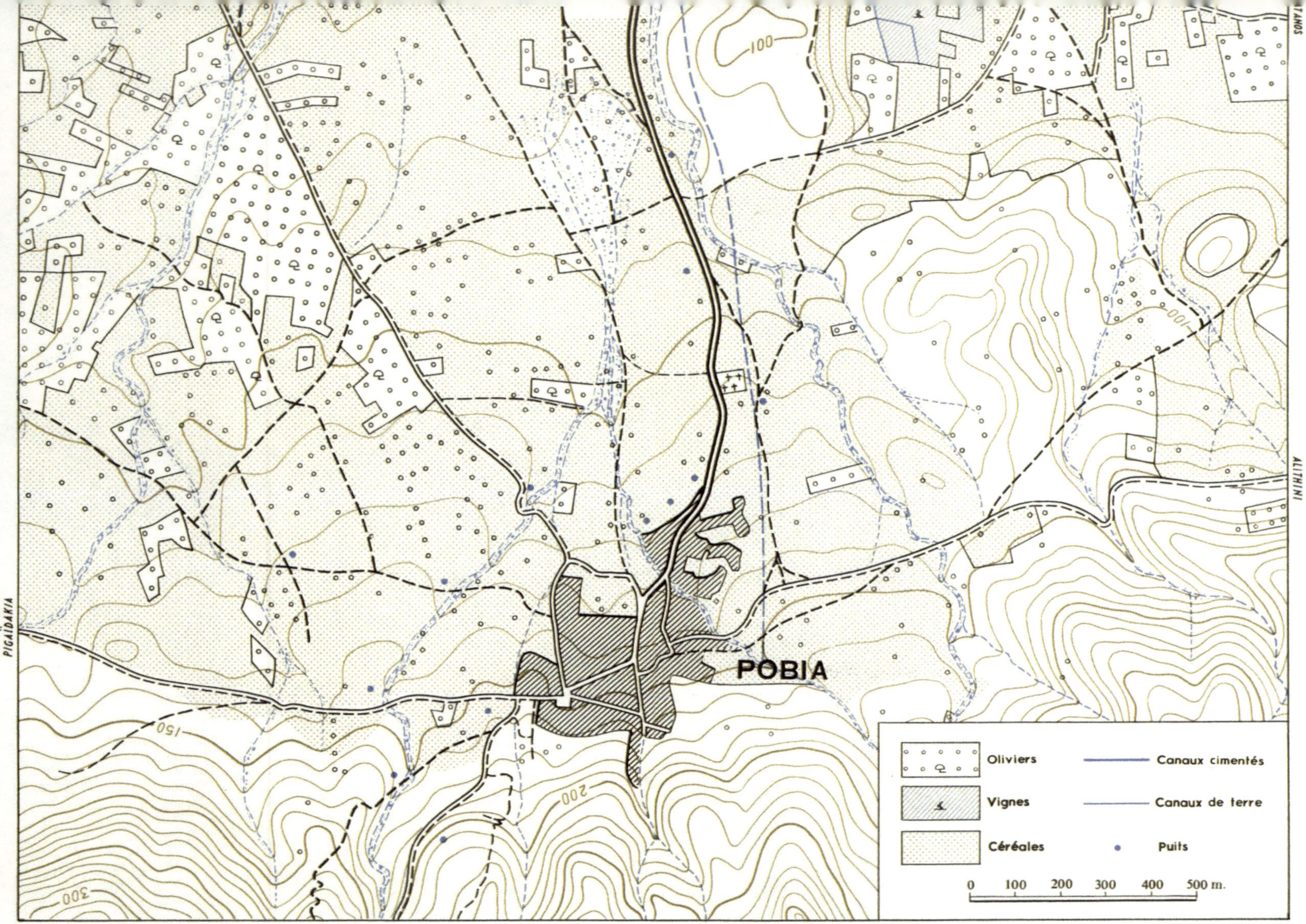

Carte hors-texte No 2

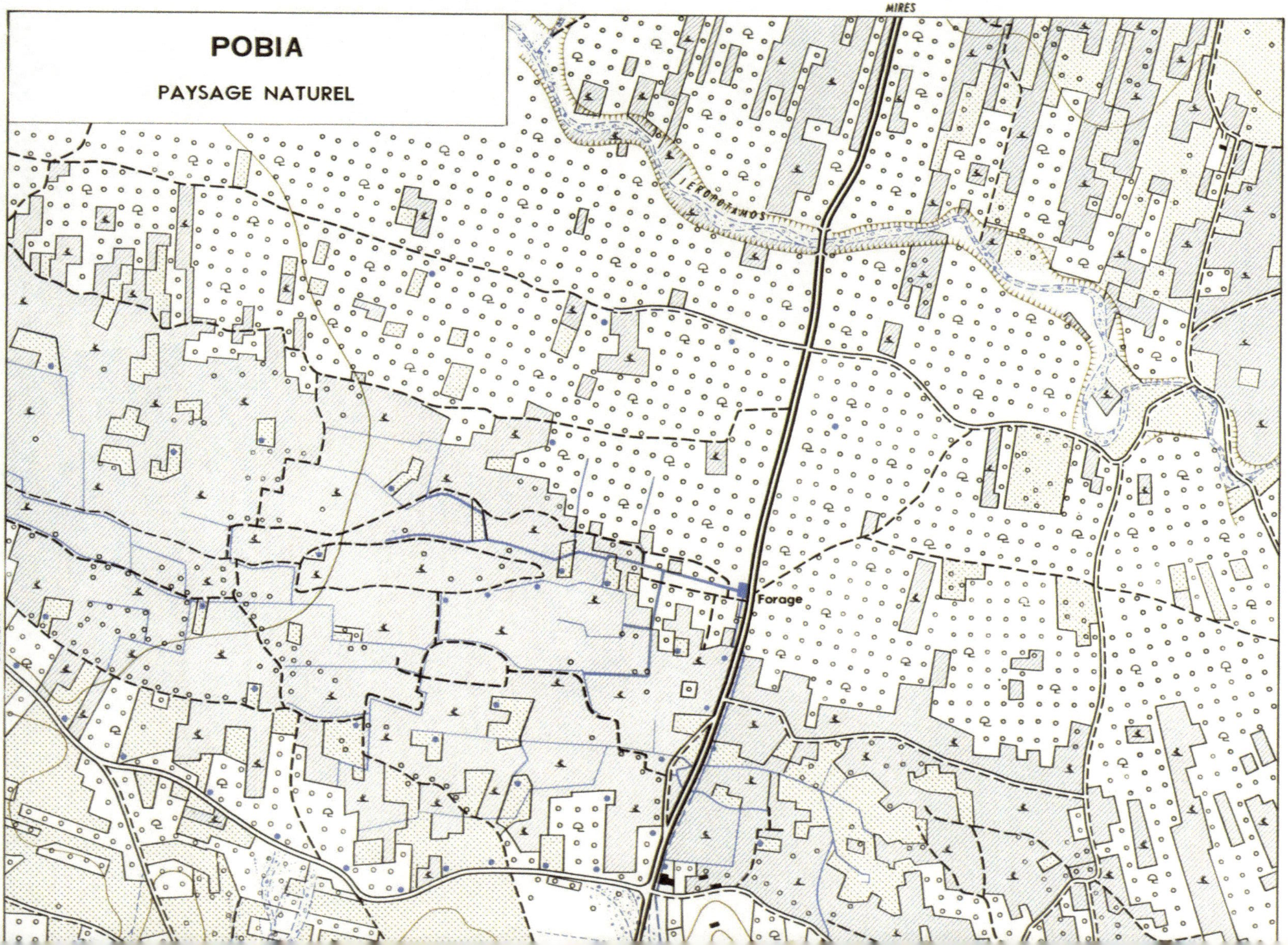
POBIA
PAYSAGE NATUREL
MIRES
IEROPOTAMOS
Forage
PETROKEFALI

gulière, il n'en faut pas moins distribuer beaucoup d'efforts et de frais. Le calendrier des travaux agricoles est particulièrement chargé. En Décembre, la terre, qui a été préparée par un premier labour en Octobre, reçoit des phosphates destinés à assurer la reprise de la plante. En Janvier, les hommes commencent à procéder avec minutie à la taille. Ils finissent début Mars. En Messara, la seule taille adoptée est la taille en gobelet(1). En Février, on pratique un second labour et on met la potasse pour augmenter le taux de sucre de la grappe. Le printemps fait redoubler les peines. Il faut labourer une dernière fois, épandre les derniers engrais: les nitrates, qu'il faut mettre assez tard pour faire pousser les feuilles et pas l'herbe; puis c'est le tour des femmes qui émondent les jeunes sarments; il faut en outre après chaque averse surveiller la progression du mildiou, l'enrayer au besoin par des sulfatages répétés. En Mai, il faut faire au moins deux soufrages.

A côté, l'été est presque une saison morte! Le seul travail est l'irrigation, une ou deux fois par mois selon les lieux. C'est finalement une occupation peu absorbante, que l'on confie dans les grandes exploitations aux ouvriers agricoles. Entre la moisson et la vendange, Juillet est un mois creux, où une partie de Pobia s'entasse dans le car cahotant de Kalous Liménès et s'en va aux bains. Août amène la vendange et les vignes retentissent des cris des femmes et des enfants qui font la cueillette. Pendant ce temps, les hommes transportent les paniers de raisins jusqu'à l'aire de séchage, qui a été soigneusement nivelée en bordure de la vigne ou dans un champ proche. On a préparé la solution de potasse, on y trempe les grappes pendant trois minutes et on les étend sur des papiers, pour les faire sécher au soleil. C'est l'époque où l'on dort peu, où l'on surveille d'un œil attentif le séchage du fruit et où le propriétaire a descendu des matelas dans sa cabane et couche à côté de la récolte. Bientôt, les camions viendront chercher les raisins pour les emmener à la Banque Agricole de Mirès, à moins que l'exploitant préfère louer un side-car et les y amener personnellement. Une fois les qualités déterminées, les prêts remboursés, c'est l'heure des comptes, l'heure aussi de dépenser en partie l'incroyable rentrée de numéraire: quelques milliers, au mieux quelques dizaines de milliers de drachmes.

C'est finalement cette perspective qui fait faire tous les sacrifices, s'endetter pour acheter des machines (motoculteur, pompe, sulfateuse à moteur), mettre des engrais, épuiser de maigres ressources pour payer quelques journées d'ouvriers, passer soi-

(1) On trouve des exemples de taille longue dans les vignes à raisin de table de la région d'Iraklion.

même de longues heures dans la plaine. On peut ne plus faire de céréales, laisser sans labour ses oliviers, négliger sa vigne à vin, mais on soigne toujours avec amour ses quelques stremmata de sultanines, on les montre avec orgueil au visiteur, prêt à lui faire déguster les premiers fruits, à écarter les feuilles pour faire jouer le soleil sur les grains oblongs et translucides.

Cet engouement spéculatif bouleversant les systèmes de cultures traditionnels a en fait entraîné deux bouleversements techniques: la mécanisation et l'emploi des produits chimiques. Aujourd'hui, pas un exploitant ne veut faire de sultanines sans utiliser sulfate, soufre et engrais industriels. Les quantités ne sont pas ici négligeables: en moyenne on met de 250 à 300 gr. de superphosphates (0.46-48.0), 200 à 300 de nitrates, 50 à 200 gr. de potasse par cep. Mais c'est finalement la mécanisation qui apparaît comme fondamentale à cause de ses répercussions socio-économiques.

Favorisés par les prêts de la Banque Agricole, de nombreux exploitants ont acquis des pompes pour l'irrigation ou des motoculteurs. Certes, nous l'avons vu, la mécanisation des labours progresse rapidement sur les champs ouverts de la riza et dans l'olivaie; mais elle reste nettement marginale à l'exploitation: le coût élevé d'un investissement qui serait nécessairement immobilisé la plupart du temps fait préférer à juste titre une solution locative. Plus accessible, mieux adapté au morcellement et à l'exiguïté de la propriété foncière, le motoculteur a conquis assez largement les exploitants aisés: on ne compte que deux tracteurs à Pobia, mais près d'une cinquantaine de motoculteurs. En même temps qu'une révolution technique, c'était, nous le verrons, modifier radicalement l'équilibre social du village. Le tableau suivant permet de juger pour chaque catégorie d'exploitation le développement du bêchage mécanique des vignes à sultanines.

Modes de labour des vignes à sultanines
(% du nombre d'exploitations)

	Taille des exploitations			
	—de 20 str.	de 20 à 39 str.	de 40 à 69 str.	+de 70 str.
Motoculteur personnel	4.0	15.0	14.2	38.8
Motoculteur loué	41.3	47.5	57.1	27.7
Bêchage personnel	28.0	17.5	9.5	—
Bêchage avec ouvrier	10.6	10.0	14.2	27.7
Bêchage et motoculteur(1)	16.0	10.0	4.7	5.2

(1) Certains exploitants jugent préférable d'effectuer au moins l'un des labours à la main.

Des tendances sont normales: le pourcentage des exploitants qui utilisent un motoculteur personnel croît avec la taille de l'exploitation, le bêchage personnel est plus usé dans les petites que dans les grandes exploitations, les bêcheurs salariés sont plus employés dans les grandes que dans les petites exploitations. Mais d'autres faits sont plus inattendus: près de la moitié des très petits exploitants préfèrent louer un motoculteur et son conducteur[1] plutôt que de bêcher leurs vignes.

Par là, la révolution technique prend une dimension sociale. La mécanisation réduit en effet les besoins de main d'œuvre des plus grands exploitants: les petits paysans, qui arrondissent leurs revenus en bêchant les vignes des autres, voient d'année en année les possibilités se restreindre, malgré la croissance rapide des superficies plantées. Paradoxalement, ces mêmes petits paysans ne profitent que très peu de la valorisation due aux sultanines: faute de pouvoir acheter un motoculteur, ils louent ceux des exploitants plus aisés. Il y a eu renversement de la dialectique sociale. Auparavant, les petits se louaient à la journée sur les vignes des grands; aujourd'hui les possesseurs de motoculteur travaillent à l'heure les sultanines des petits exploitants. La conduite du petit paysan pobeïen est moins illogique qu'elle en a l'air: c'est un désir de consommation qui l'anime; à ses yeux, louer un motoculteur n'est pas plus scandaleux que pour un manœuvre athénien acheter un transistor. C'est bénéficier, fût-ce au prix de sa liberté économique, des apports merveilleux de la technique. Il y va de sa dignité humaine plus que de sa raison. Mais à ce rythme, les différences sociales ne tarderont pas à s'accroître. Nous y reviendrons.

Ainsi, les disparités sociales apparaissent-elles déterminantes pour différencier la monotonie du tableau économique: l'orge, l'olivier, la vigne sont autant de thèmes imposés que chacun traite à sa manière, avec sa richesse en terres et ses ressources en argent. Les petits délaissent les céréales, s'accrochent à leurs oliviers et paient des journées de travail pour faire cultiver quelques stremmata de sultanines. Les grands ont des tendances volontiers extensives, négligent leurs oliviers, et concentrent tous leurs soins sur l'hectare ou les deux hectares de vignes qui leur rapportent plus que tout le reste.

L'élevage Il est pourtant un domaine où les réactions sont beaucoup moins diversifiées: c'est l'élevage. Malheureusement, comme bien souvent, cette unité est celle de la

(1) Les possesseurs de motoculteur se méfient et à juste titre des conducteurs d'emprunt.

médiocrité. Le pobeïen n'est pas éleveur. Nous avons déjà signalé, chemin faisant, comment les pâturages étaient sortis de l'économie communale. En fait, dans toutes les exploitations, le cheptel est très réduit. L'âne reste encore, et pour tous, le moyen de transport le plus commode et le véhicule le plus utilisé; s'il a révolutionné les méthodes culturales, le motoculteur monté sur pneumatiques n'est pas encore le «taxi» rural qu'il est devenu en Argolide: l'absence d'un bon réseau de chemins vicinaux explique aisément la chose. Avec l'âne, la chèvre est un personnage familier qui fournit le ménage en lait. Les moutons sont sinon moins nombreux, du moins plus inégalement répartis(1). Plus que la laine, on en attend quelques fromages et quelques agneaux qu'on vendra sur le marché de Mirès. Les bovins sont encore plus réduits: 80 dans 47 exploitations en 1961, les porcins pratiquement inexistants (21 en 1961).

Dans toutes les exploitations, l'élevage est donc un secteur marginal; dans les 200 ménages, que nous avons interrogés, deux seulement accordent une plus grande importance à l'élevage: un boucher, qui possède un troupeau de moutons de 100 têtes, un exploitant moyen (5 hectares), qui ne fait pratiquement pas de sultanines et affirme tirer le principal de ses ressources de son cheptel, pourtant bien réduit: deux vaches, une jument, une chèvre, un âne et deux moutons.

Malgré cette médiocrité de l'élevage, il n'est que plus remarquable de signaler l'existence de pratiques coutumières assez originales. L'âne et la chèvre, compagnons de route et de labeur, ne posent guère de problème. Accompagnant le paysan dans ses déplacements, ils broutent le long des chemins, en bordure des champs, autant que leur permet la corde qui les attache. Les vaches sont assez rares et assez précieuses pour que l'on délègue toujours à leur garde un membre de la famille, quand ce n'est pas l'exploitant lui-même qui s'en charge: nous sommes dans une société qui redoute encore les vols de bétail. Seuls les moutons échappent souvent à la garde familiale. Et dans cette société de cultivateurs, on retrouve étrangement des réminiscences d'éleveurs. Il existe des accords entre trois ou quatre exploitants pour constituer un troupeau commun d'une dizaine de brebis. La petite communauté loue un berger —un pauvre diable sans terre—, lui donne 30 drachmes par jour et lui fournit les repas. Le troupeau est conduit chaque matin sur les champs communs et rentre chaque soir au village; la traite est effectuée en commun, au bénéfice de chaque propriétaire, à tour de rôle.

---

(1) Au Recensement agricole de 1961, 387 moutons ont été recensés dans 145 exploitations et 247 chèvres dans 149 exploitations.

Survivance d'une époque révolue, ces pratiques n'en paraissent que plus dérisoires dans l'atmosphère actuelle. Elles ne font aussi que plus regretter la place restreinte faite à l'élevage. Autant que les difficultés naturelles, la mentalité paysanne apparaît ici déterminante. Dans cette société, où tout est dominé par les prix de la sultanine, l'élevage avec ses soucis quotidiens, son rendement incertain, semble une activité méprisable, digne tout au plus des rustres montagnards. On ne voit que les corvées, «aller en champ», la traite, les marchandages sur le marché de Mirès pour vendre un maigre croît[1]. On oublie le fumier, la meilleure assurance contre les crises économiques, bref tous les bienfaits de la «révolution fourragère». Il est vrai qu'à cet égard, le village souffre d'une insuffisance grave pour l'alimentation du bétail en été. Mais alors pourquoi gaspiller autant les ressources fourragères pendant l'hiver? Pourquoi faire pâturer en vert les céréales au printemps, au lieu de constituer des réserves de foin? Nous retombons bien vite sur les obstacles humains: la faible importance accordée à l'élevage, moins «mal nécessaire», que bien superflu.

Finalement, de tous ces problèmes techniques et économiques, ce sont les structures sociales qui fournissent les données les plus précieuses. C'est elles qu'il convient d'étudier maintenant.

II. LES STRUCTURES AGRAIRES

a) La répartition foncière *La méthode.* Toute étude sérieuse des structures foncières en Grèce doit être marquée du sceau de la relativité. Relativité de l'information, nous le verrons. Mais plus profondément relativité des définitions. «Grande», «petite» exploitation sont autant de termes qu'il faut repenser avec l'environnement. La notion même d'exploitation n'est pas sans réclamer une attention particulière.

Le premier problème rencontré est celui des dimensions de l'exploitation. Le lecteur a pu être surpris dans les tableaux précédents de voir qualifier de «grands» exploitants les possesseurs de plus de 70 stremmata (7 hectares). En fait, rappelons que l'exploitation moyenne grecque compte 36 stremmata. En outre, la majorité des exploitations comprend à Pobia des vignes à sultanines, qui valorisent singulièrement de faibles surfaces. Finalement, il nous a semblé juste de distinguer trois classes d'exploitants: les *microfundiaires*, ou exploitants de moins de 20 stremma-

(1) Un exploitant nous signale qu'il a conduit trois samedis de suite un jeune mulet sur le foirail avant de le vendre.

ta (2 hectares), les *moyens exploitants* de 20 à 69 stremmata. En fait, étant donné le nombre des exploitants trouvés dans la catégorie, nous avons présenté deux sous-groupes: de 20 à 39 stremmata et de 40 à 69 stremmata. Les *grands exploitants*, au dessus de 70 stremmata.

La distinction entre exploitation et propriété, qui paraît fondamentale en Europe occidentale, semble ici difficile à faire dans la réalité, à cause de la fluidité des liens juridiques de cession de la terre. Par exemple, comptera-t-on dans l'exploitation des pâturages donnés en location chaque année, mais pour quelques mois seulement, et à des utilisateurs qui peuvent être chaque année différents? Inversement, un champ pris en location avec contrat oral annuel sera-t-il rangé à juste titre dans les terres de l'exploitation. Finalement, il semble normal de donner à l'exploitation l'extension la plus grande, c'est à dire:

—d'y comprendre les pâturages loués quelques mois de l'année. Ces pâturages ne cessent pas de faire partie de l'exploitation, aussi bien parce qu'ils peuvent renfermer des oliviers exploités par le propriétaire, qu'être utilisés les autres mois de l'année par le bétail du propriétaire.

—d'y inclure les terres louées par l'exploitant, bien qu'elles correspondent à un stade souvent fugitif de l'exploitation; mais c'est justement un moment de déséquilibre qu'il n'est pas inintéressant de saisir.

L'information n'apparaît pas moins difficile à réunir. Nous avons dit qu'il n'y avait pas de cadastre (ktimatologion) à Pobia. Un des buts des questionnaires était justement de tenter de pallier cette lacune. Ce faisant, nous ne nous méprenons pas sur les risques de l'opération. Au cours de notre séjour, il était impossible de consulter toutes les familles du village. Par ailleurs, les déclarations orales des exploitants sont évidemment sujettes à caution. Bien qu'il n'existe pas d'impôt foncier en Grèce, on se méfie néanmoins de l'interlocuteur dès qu'il aborde les problèmes de possession. La qualité d'étranger joue pourtant en faveur de la sincérité, quoique certains rappellent que les Allemands avaient eux aussi entrepris des enquêtes avant le débarquement de 1940. Plus sûrement, il faut invoquer chez les plus riches une sous-déclaration par simple omission de parcelles, chez les plus pauvres une sous-déclaration par attente d'une aide financière, et chez tous, une imprécision sur la superficie exacte des parcelles, en raison même de l'absence de bornage.

Nous avons aussi utilisé les déclarations individuelles annuelles, faites par les exploitants du village à la succursale de la Banque Agricole de Mirès. Nous avons distingué les «coopérateurs» (sinétairismeni) (1) et les «isolés» (mémonéméni), qui font personnellement et individuellement leurs opérations avec la Banque Agricole. Bien que les déclarations soient en principe remplies par tous les exploitants, en fait elles ne recouvrent que les clients de la Banque Agricole: 286 exploitants de Pobia sont enregistrés, contre 388 dénombrés par le Recensement de 1961. Ce sont évidemment les plus petits qui échappent au circuit officiel de la Banque Agricole. Par ailleurs, les chiffres déclarés ne sont pas moins sujets à critique. Demandées pour s'assurer de la solvabilité des clients, les déclarations majorent les surfaces réellement possédées. Sans croire, comme les agronomes de Mirès, que toutes les déclarations de la Messara mises à bout couvriraient deux fois la surface réelle de la plaine, force est de constater que les 286 exploitants possèderaient à peu près toute la superficie du village!

Nous disposons ainsi de deux documents dont les tendances contradictoires permettent une approche valable de la répartition foncière dans le village.

Répartition par taille des exploitations

	— de 20 str.		20 à 39		40 à 69		+ 70 str.		TOTAL		Non déclarés
	Nb	%	Nb	%	Nb	%	Nb	%	Nb	%	Nb
«Isolés»	34	23.7	52	36.3	37	25.8	20	13.9	143	100	3
«Coopérateurs»	30	21.1	52	36.6	41	28.8	19	13.3	142	100	27
Total Banque Agricole	64	*22.3*	104	*36.3*	78	*27.2*	39	*13.6*	286	100	30
Enquête directe	89	*50.8*	43	*24.5*	23	*13.1*	20	*11.4*	175	100	—

Répartition par superficies occupées

	— de 20 str.		20 à 39		40 à 69		+ 70 str.		TOTAL
	str.	%	str.	%	str.	%	str.	%	
«Isolés»	472	7.2	1465	22.5	1863	28.6	2700	41.5	6500
«Coopérateurs»	411	6.7	1584	25.9	1966	32.2	2140	35.0	6101
Total Banque Agricole	883	*7.0*	3049	*24.1*	3829	*30.3*	4840	*38.4*	12601
Enquête directe	922	*16.1*	1198	*20.9*	1148	*20.0*	2449	*42.8*	5717

Les résultats. Les deux tableaux présentés font apparaître des différences absolues très importantes selon les critères utilisés. Elles étaient attendues. Dans l'enquête directe, plus de la moitié des exploitants interrogés sont des microfundiaires (moins de 20 stremmata); pour la Banque Agricole, c'est moins du quart des exploi-

(1) Voir p. 45.

tants qui sont rangés dans la catégorie. En fait, il convient de ne pas oublier que nous avons interrogé aussi les très petits exploitants (5 ou 6 stremmata), qui souvent ne se trouvent pas dans les dossiers de la Banque.

Compte tenu de ces réserves et de tous les facteurs que nous avons introduits précédemment, les convergences n'en apparaissent que plus frappantes.

—les *exploitants moyens* (de 20 à 69 stremmata) s'équilibrent à peu près en nombre et en superficie occupée. Pour la Banque Agricole, 63.5% des exploitants possèdent 54.4% des terres; dans l'enquête directe 37.6% des exploitants ont 40.9% des terres. En fait, cet équilibre recouvre deux légers déséquilibres: déséquilibre négatif pour les exploitants de 20 à 39 stremmata (36.3% avec 24.1% des terres pour la Banque Agricole, 24.5% avec 20.9% des terres pour l'enquête directe), déséquilibre positif pour les exploitants de 40 à 69 stremmata 27.2% avec 30.3% des terres pour la Banque Agricole, 13.1% et 20% respectivement pour l'enquête directe).

—les *microfundiaires* présentent au contraire un déséquilibre très accentué de la même importance dans les deux sources utilisées: les superficies qu'ils exploitent sont toujours inférieures au tiers de la part qu'ils occupent dans le nombre des exploitants.

—les *grands exploitants*, à l'opposé, montrent des structures tout à fait comparables, y compris en nombres absolus: 12% des exploitants possèdent 40% des terres du village.

Ainsi l'équilibre des structures foncières n'est réalisé que pour les exploitants moyens. Aux deux extrémités de l'échelle sociale, des phénomènes de dysharmonie apparaissent, qui font concentrer la terre dans les mains des plus riches. Ces conclusions se trouvent encore renforcées, si nous considérons la partie vraiment vivante de l'exploitation: la superficie en vignes à sultanines. Tel grand exploitant de notre connaissance est moins riche de ses 330 stremmata de terres que de ses 33 stremmata de sultanines.

Les tableaux donnant la distribution des sultanines confirment les disparités reconnues au niveau de l'exploitation tout entière.

Répartition par taille des superficies en sultanines

A) % du nombre d'exploitations ayant des sultanines

	Exploitants possédant				
	— de 5 str.	de 5 à 9	de 10 à 14	de 15 à 19	+de20str.
«Isolés»	38.5	34.2	17.1	3.5	6.4
«Coopérateurs»........	41.4	42.9	9.6	4.4	1.4
Total Banque Agricole	40.0	38.5	13.4	4.0	4.0
Enquête directe	60.6	26.4	6.7	1.1	5.0

B) % des superficies en sultanines

	Exploitants possédant				
	— de 5 str.	de 5 à 9	de 10 à 14	de 15 à 19	+de20str.
«Isolés»	15.0	29.0	26.4	7.7	22.4
«Coopérateurs»........	18.9	45.3	18.2	11.0	6.4
Total Banque Agricole	16.7	36.1	22.4	9.2	15.4
Enquête directe	23.5	33.1	15.2	3.6	24.3

—On peut admettre que près de la moitié des exploitants du village ont moins de 5 stremmata de sultanines et se partagent moins du cinquième de la superficie totale en sultanines. Le déséquilibre peut apparaître moins important que celui signalé au niveau de l'exploitation totale. En fait, beaucoup de microfundiaires exploitent quelques stremmata de sultanines et ne possèdent pas les vastes étendues en pâturages, qui contribuent à gonfler les chiffres des plus gros.

Toutefois, force est de constater que moins de 5% des exploitants possèdent à eux seuls au moins autant de sultanines que tous les exploitants réunis dont nous venons de parler. Ils exploitent chacun plus de 2 hectares de sultanines, ce qui signifie pour la Grèce une très grande propriété spéculative.

Une autre tendance se confirme aussi, dont nous n'avons pas parlé jusqu'alors: les adhérents de la «coopérative» comptent proportionnellement moins de grands exploitants que les «isolés». Les «coopérateurs» de plus de 70 stremmata ne totalisent que 35% de la superficie exploitée par les membres de la «coopérative», contre 41.5% pour les exploitants «isolés» de la même catégorie. Surtout, parmi les exploitants inscrits à la Banque Agricole et possédant plus de 20 stremmata de sultanines, 9 sur 11 sont des «isolés». Bien que la «coopérative» ait essentiellement un rôle administratif de liaison entre exploitants et Banque Agricole, son titre même doit contribuer à éloigner les plus riches.

Enfin, un dernier tableau met en rapport les superficies possédées en sultanines et la taille de l'exploitation.

Rapport entre sultanines et taille de l'exploitation en %

Taille des Exploitations	Exploitations possédant...stremmata de sultanines				
	— de 5 str.	de 5 à 9	de 10 à 14	de 15 à 19	+ de 20 str.
Banque Agricole					
— de 20 str.	74.5	25.4	—	—	—
de 20 à 39 str.	39.9	49.7	10.3	—	—
de 40 à 69 str.	20.8	36.0	31.9	7.0	4.2
+ de 70 str.	13.7	35.1	16.1	13.7	21.6
Enquête directe					
— de 20 str.	84.6	14.2	1.0	—	—
de 20 à 39 str.	58.1	34.8	6.9	—	—
de 40 à 69 str.	16.6	45.8	29.1	4.1	4.1
+ de 70 str.	10.0	40.0	5.0	5.0	40.0

Il établit sans discussion la filiation entre la grande exploitation et les plus importantes superficies en sultanines: si les grands exploitants n'ont pas tous des vignes très étendues, on trouve néanmoins parmi les possesseurs de plus de 20 stremmata de sultanines 80% d'exploitants de plus de 70 stremmata. Encore les 20% restant sont-ils des moyens exploitants aisés (de 40 à 69 stremmata), qui possèdent outre leur exploitation agricole des revenus annexes (commerce ou artisanat).

Finalement, l'esquisse de structure agraire que nous avons présentée ne fait certes pas mentir l'image d'ensemble de l'exiguïté et du morcellement de la propriété foncière dans la zone méditerrannéenne. Il convient de ne pas oublier que le plus grand des exploitants que nous ayons rencontré possédait 37 hectares de terres, total qui paraîtra évidemment dérisoire aux yeux des habitués du Mezzogiorno italien. N'oublions pas non plus que tel classé «grand exploitant»,parce qu'il a déclaré 14 hectares de terre, ne compte pas moins de 20 parcelles, ce qui n'est rien devant l'émiettement effroyable que révèlent certaines petites exploitations: tel, qui nous déclare 3.5 hectares de terre, a lui aussi 20 parcelles. Pourtant, il faut bien reconnaître que les maux sont mal, au mieux inégalement partagés, que la grande majorité a moins de terres qu'il n'en faut à un ménage pour vivre des seules ressources de l'exploitation, que la petite exploitation est celle aussi qui est la plus morcelée et a le moins de surfaces valorisées en vignes à sultanines. Comme toujours les déséquilibres s'ajoutent aux déséquilibres. Cette structure foncière a semblé assez originale pour qu'on se soit permis d'y insister: il est des cas où les moyennes sont menteuses.

b) Les modes de faire-valoir Malgré les inégalités de la répartition foncière que nous venons de décrire, les modes de faire–valoir présentent une uniformité remarquable: le faire–valoir direct domine de façon écrasante. Selon le Recensement agricole de 1961, 97% des exploitations et 95% de la surface agricole(1) de la commune sont cultivés en faire–valoir direct. En fait, là encore la complexité de la réalité cadre assez mal avec les définitions toutes faites. Certes, au cours de l'enquête, nous n'avons trouvé aucune propriété cultivée entièrement en faire–valoir indirect: le fermage est un phénomène tout à fait inconnu à Pobia. Même les quelques propriétaires non-résidents que nous avons interrogés doivent être considérés comme des exploitants directs: ils viennent au moment des gros travaux et des récoltes et surveillent les ouvriers agricoles qu'ils ont embauchés(2).

Ces affirmations doivent être toutefois nuancées d'une réserve importante: il est très rare qu'une exploitation soit mise en valeur exclusivement par les membres de la famille de l'exploitant. Pour les raisons techniques, économiques et psychologiques, que nous avons signalées, il n'existe guère d'autonomie de l'exploitation: les petits exploitants louent un attelage, ou plus souvent aujourd'hui le tracteur ou un motoculteur pour faire exécuter leurs labours: les grands exploitants se font aider d'ouvriers agricoles temporaires pour la moisson, la taille et la vendange des sultanines et la récolte des olives. Les petites gens sont ainsi curieusement employeurs ou salariés, selon l'époque de l'année.

Il existe pourtant, indépendamment des contrats de location de pâturages déjà décrits(3), une forme originale de location de terre: le *missiaka*. Il s'agit d'un contrat oral de courte durée (un an en général), qui s'apparente au métayage, mais est toujours limité à quelques parcelles: encore une fois, aucune exploitation n'est constituée uniquement de parcelles louées, mais un petit exploitant prend en missiaka quelques champs pour arrondir sa propriété personnelle. Dans la forme pure du missiaka, le propriétaire de la terre paie la moitié de la semence, des engrais, le locataire l'autre partie et s'engage en outre à assurer tous les travaux agricoles. La récolte est aussi partagée par moitié. Le plus souvent, le locataire a le choix des cultures. Connue dans l'ensemble de la Grèce, cette forme locative semble très ancienne et descend peut-être du colonat partiaire romain. Actuellement

(1) La surface agricole ne comprend pas ici les pâturages.

(2) Nous avons rencontré, par exemple, un professeur du Collège d'Anogia, dans le Psiloritis. Originaire de Pobia, il venait surveiller l'irrigation de ses vignes et de celles de ses frères et sœurs installés à Gergéri. Il avait amené avec lui un ouvrier agricole de Gergéri.

(3) Voir p. 28.

le missiaka connaît à Pobia un développement certain: c'est la formule employée par les émigrés récents pour faire cultiver leurs terres. Ils laissent leurs champs ouverts[1] à un parent resté au village, qui leur envoie la moitié des revenus nets. Il arrive aussi que les grands propriétaires du village donnent quelques parcelles en missiaka. Malgré tout, l'image d'ensemble du faire-valoir direct n'est pas encore profondément altérée par ces pratiques.

III. LES GROUPES SOCIAUX

Les analyses précédentes ont, somme toute, émietté la réalité. Dans cet ensemble de catégories statistiques, nous avons l'impression que la société nous échappe, dispersée au gré des pourcentages et des totalisations. Nous voudrions maintenant, à la lumière de l'analyse, essayer de reconstituer le paysage social du village. Il ne s'agit évidemment pas de faire une sociologie de Pobia: ce serait plus que présomptueux après un séjour de courte durée. D'ailleurs existe-t-il une société à Pobia? L'observateur a souvent le sentiment d'avoir à faire plus à une somme d'individus en représentation qu'à une véritable communauté: sur la scène sociale, chacun joue le rôle de ses intérêts, de son physique, de son personnage; peut-être ne jette-t-il le masque qu'en famille, encore retarde-t-il souvent le moment d' y rentrer, sans doute parce que derrière le masque il n'y a rien, et qu'une fois abandonnés les usages, les coutumes et les préjugés, on ne trouve plus que le vide insondable de la solitude et de l'impossible communication.

On comprend que notre propos ne peut être que modeste. Nous voudrions simplement présenter ce qui nous semble être des faisceaux d'intérêts plus que des groupes sociaux conscients d'eux-mêmes. Dans cette communauté d'individus, les équivalences de revenus fournissent peut-être les barrières les moins artificielles: ce sont elles qui font exprimer les seules prises de conscience devant les grands problèmes de l'heure.

Ce qui frappe en effet chez nos interlocuteurs, tout au moins dans la vie quotidienne, c'est l'absence de conscience des inégalités réelles qui existent entre eux. Ils parlent évidemment de riches, de pauvres, mais on arrive mal à saisir les réalités que recouvrent ces termes à leurs yeux. Cette situation vient moins d'un manque de réflexion que de la définition même des pôles d'intérêt. D'une manière générale, le village est en deçà des pré-

(1) Ils préfèrent en général garder en faire-valoir direct les oliviers et la vigne.

occupations communes. Conscients de la médiocrité de leur existence, tous cherchent moins à la comprendre ou à l'améliorer qu' à la fuir. La politique nationale n'est qu'un moindre dérivatif: nourris de radio plus encore que de journaux, gagnés par les récits ou les lettres des émigrants, les esprits ont hâte de s'emparer de régions plus sereines et plus lointaines. Qu'on nous ait abondamment questionné sur le général de Gaulle, passe encore, mais les éclaircissements demandés sur les vignerons languedociens ou le marché du blé en France montrent assez le peu de cas que les habitants du village font de leurs propres problèmes.

Incontestablement, il existe pourtant des groupes sociaux(1). En l'absence de prise de conscience très nette de leur propre existence, ils se définissent essentiellement par leur mode de revenus. Dans une société où le travail et l'argent sont des préoccupations constantes, les ressources et la manière dont on les a acquises, définissent autant des aptitudes à consommer que des genres de vie et des habitudes de penser. Dans cet esprit, nous avons tenté de classer les quelque 200 ménages, où nous avons enquêté, par type de revenus. Les résultats ont paru assez intéressants.

Situation économique des ménages

	Nb	% du nb total	Superficie exploitée (strem.)	% de la superf. totale exploit.	Taille moyenne de l' exploit. (strem.)	Superf. moyenne en sultanin. (strem.)
Exclusivement exploitants agricoles	48	24.7	2684	45.6	55.9	7.4
Ouvriers agricoles–petits exploitants	26	13.4	405	6.8	15.5	2.0
Artisans–exploitants agricoles	22	11.3	542	9.2	24.6	4.7
Retraités– exploitants agricoles ...	22	11.3	457	7.7	20.7	2.4
Commerçants–exploitants agricoles.	19	9.7	678	11.5	35.6	6.8
Fonctionnaires–exploitants agricoles	18	9.2	648	11.0	36.0	4.7
Ouvriers agricoles sans terres	14	7.2	—	—	—	—
Exploitants agricoles louant des chambres	11	5.6	287	4.8	26.0	6.7
Propriétaires fonciers hors de la commune(2)	6	3.0	149	2.5	24.8	6.8
Ménages ne subvenant pas à leurs besoins	5	2.5	21	0.3	4.2	0.2
Autres salariés	3	1.5	—	—	—	—
Situation imprécise	6	—	—	—	—	—

Le premier caractère qui frappe à la lecture du tableau, est le faible nombre des ménages, qui vivent uniquement des revenus de l'exploitation: moins du quart des familles n'a que des

(1) Nous employons ce terme avec le sentiment qu'il ne convient pas exactement.

(2) Les chiffres se rapportent uniquement aux terres possédées à Pobia.

ressources exclusivement agricoles. On voit aussi que l'exploitation moyenne requise pour faire vivre une famille est de l'ordre de 6 hectares environ (60 stremmata). Quand on sait que la taille moyenne de l'exploitation dans le village est comprise entre 3.2 hectares (enquête directe) et 4 hectares (Recensement agricole) et que cette moyenne recouvre elle-même d'importantes disparités, on comprend mieux que la très grande majorité des familles soit obligée d'avoir recours à des ressources complémentaires.

Ces ressources sont de plusieurs sortes. C'est d'abord le travail sur les terres des autres. En fait, tous ceux que nous avons classés ouvriers agricoles exercent les métiers les plus divers tout au long de l'année: travaux agricoles certes, mais aussi travaux de maçonnerie et de terrassement pour les particuliers ou pour le génie militaire, quand il entreprend de faire des routes dans la région. Ce sont les mêmes gens que l'on retrouve transportant les olives à la presse, les raisins à la Banque Agricole. Toujours prêts pour un travail d'occasion, ils vivent souvent d'expédients. Au contraire, les exploitants, qui disposent d'une retraite ou de rentes, ont des revenus sinon plus élevés, du moins plus assurés. Il s'agit d'abord d'exploitants âgés, qui ont souvent divisé l'usufruit de la plupart de leurs terres entre leurs enfants; ils gardent quelques champs et bénéficient des allocations des Assurances Sociales Agricoles. Il y a aussi les anciens émigrés en Amérique, rentrés au village, qui reçoivent de confortables retraites, en général inavouées.

On trouve encore quelques officiers, en retraite anticipée, qui sont eux aussi rentrés au village et ont le plus souvent racheté quelques terres(1). Enfin, quelques ménages profitent de la présence du collège pour prendre des pensionnaires originaires des villages de la région. Ils reçoivent ainsi une «bourse» mensuelle des parents et bénéficient des paniers de nourriture que les collégiens ne manquent pas de rapporter le dimanche de la maison. En tout cas, journées de travail, retraite, pensionnaires sont les appoints d'une petite exploitation, réduite à une vingtaine de stremmata (2 hectares), qui reste néanmoins l'activité principale des intéressés.

Au contraire, les commerçants, les artisans et les fonctionnaires disposent en général d'une exploitation plus étendue (3 hectares environ), mais n'y consacrent qu'une assez faible partie de leur temps. Très souvent pourtant, les revenus qu'ils tirent de l'agriculture sont supérieurs à ceux de leur profession princi-

(1) Mis à la retraite en grand nombre après la fin des évènements de 1945-1950, les anciens officiers constituent souvent, notamment à Athènes, le noyau d'une classe moyenne assez intéressante pour un pays en voie de développement.

pale. C'est qu'ils ont su ou pu valoriser leur exploitation: on voit par exemple que les commerçants ont des superficies moyennes en sultanines à peu près équivalentes à celles des exploitants agricoles exclusifs. Le même phénomène se retrouve d'ailleurs, mais pour d'autres raisons, chez les quelques propriétaires fonciers qui ne résident pas au village: ils continuent à exploiter leurs terres, en fonction des revenus assez élevés que leur assurent les sultanines.

Finalement, 10% seulement des ménages échappent à la règle de salut des ressources complémentaires, essentiellement des ouvriers agricoles sans terres. Pour eux, hors les périodes de gros travaux agricoles, la misère est souvent sans issue et l'espoir accroché à l'exceptionnel, dont on attend le renouvellement.

Tous ces faisceaux d'intérêts que nous venons d'évoquer finissent par se regrouper et donnent la trame de la structure sociale du village: une petite bourgeoisie rurale, très peu nombreuse, une classe modeste, très diversifiée, une masse de petites gens.

a) La petite bourgeoisie rurale On y trouve essentiellement tous les grands exploitants du village (plus de 10 hectares exploités). Parmi eux, deux types s'individualisent assez nettement. Les descendants des grandes familles du village se sont maintenus dans la mesure où ils ont su s'adapter à la révolution des sultanines. Ils conservent souvent dans leur exploitation et dans leur mise des signes d'archaïsmes. Leur fortune repose plus sur les pâturages, possédés souvent dans d'autres communes (Pigaïdakia, Aghios Ioannis, Sfakia), et sur les oliviers que sur les sultanines. Ils sont fiers de leur origine et jouent volontiers aux protecteurs des intérêts du village. Le soir venu, l'un d'eux, rasé de frais, bottes rouges soigneusement cirées et chemise propre repassée, ne manque jamais d'aller s'installer à la terrasse d'un café, pour voir et être vu. A côté, les nouveaux riches sont plus discrets. Ils ont acheté la plupart de leurs champs et se vantent de s'être faits eux-mêmes. C'est le cas de certains émigrés en Amérique, rentrés à Pobia. Ils témoignent souvent d'un esprit plus ouvert que les anciennes familles du village: proportion importante de l'exploitation en sultanines, méfiance moins vive envers le visiteur, et même ardeur plus grande au travail. L'un d'eux nous a reçus longuement dans son intimité familiale à neuf heures du soir; nous n'avions jamais pu l'interroger pendant la journée: à 70 ans, il descend à l'aube dans la plaine, chevauchant fièrement un mulet, et n'en remonte qu'à la nuit tombée.

Il convient de joindre à ces grands exploitants les notables intellectuels du village et certains commerçants. Très souvent d'ailleurs, ils sont issus des mêmes familles que les grands propriétaires fonciers. Ils ont assez peu de terres (5 à 6 hectares au plus) mais des vignes relativement étendues (1 à 2 hectares). Ils bénéficient d'ailleurs d'autres ressources et leur instruction leur assure en général une estime supérieure à celle des propriétaires. Les enseignants se distinguent souvent par leur attitude aristocratique: tel a passé une partie de ses vacances assis sur sa chaise, à attendre que ses raisins mûrissent; tel autre surveillait minutieusement dès 6 heures du matin les ouvriers qui lui bâtissaient une maison destinée à la location. Les commerçants, surtout épiciers, ont généralement un comportement plus positif: les revenus de la boutique sont médiocres et incertains et ils ne dédaignent pas prendre une part active à leur exploitation agricole.

Tous ces membres de la petite bourgeoisie rurale ont en commun un certain nombre d'idées. Utilisant de la main-d'œuvre salariée, ils se plaignent de la raréfaction des ouvriers agricoles et de l'augmentation des prix de la journée de travail. Ils poussent leurs enfants à faire des études, autant, semble-t-il, pour leur assurer un avenir économique meilleur que pour les destiner à une considération sociale plus élevée. Enfin, ils adoptent vis-à-vis de l'émigration une attitude nettement réservée: bien qu'ils se plaignent d'être fatigués par les travaux agricoles, les grands exploitants sont attachés à une exploitation qui leur suffit pour vivre; quant aux commerçants et aux instituteurs, ils voudraient parfois partir, mais répugnent à abandonner des terres qui leur assurent un appoint appréciable.

Cette petite bourgeoisie rurale ne constitue pas en elle-même un frein de l'évolution économique. Certes, nous avons noté que certains de ses membres avaient une tendance à négliger les cultures jugées moins spéculatives que les sultanines: céréales, oliviers. C'est surtout le fait des grands exploitants d'ancienne origine. En fait, la petite bourgeoisie a le mérite d'être ouverte aux initiatives techniques et d'entraîner dans son sillage les autres couches sociales. Néanmoins, les enseignants, les commerçants, bien qu'exploitant en faire valoir direct, exercent sur la terre une pression qui n'est pas négligeable, diminuant d'autant les revenus des vrais exploitants agricoles. Plus profondément encore, cette petite bourgeoisie se trouve aujourd'hui bloquée dans son développement; elle peut difficilement acquérir de nouvelles terres, elle ne peut guère moderniser son domaine existant, à moins de recourir à une main-d'œuvre salariée plus nombreuse: le morcellement de l'exploitation ne favorise pas une mécanisation plus poussée.

1— «....*Pobia est monté sur la montagne aussi haut que la topographie le permettait....*»

2— «....*Partout, c'est la corvée d'eau réservée aux femmes....*»

3— «....*Des maisons élémentaires, qui n'ont pour seule ouverture que la porte donnant sur la rue*....»

4— «....*Les différentes pièces s'ouvrent sur un perron surélevé*....»

b) Les classes modestes Moins délimitées et plus diversifiées que le groupe précédent, ces classes modestes se définissent surtout négativement: elles ne jouissent pas de l'aisance économique et sociale de la petite bourgeoisie, elles n'ont pas pour autant perdu leur indépendance économique, comme les classes pauvres.

On y trouve d'abord des exploitants moyens (5 à 6 hectares), qui ont souvent une situation très difficile. Ils sont à la limite requise pour faire vivre leur famille. Mais ils ne peuvent pas cultiver plus de terres qu'ils n'en ont actuellement, faute de moyens techniques. Ils ne peuvent pas non plus arrondir leurs revenus en se louant sur les champs des grands propriétaires. Pour eux, en effet, les gros travaux agricoles interviennent au même moment. Ils ont quelquefois —le phénomène est assez rare pour être signalé— une conscience assez nette de leur situation.

Dans la même catégorie doivent être rangés d'autres groupes intermédiaires, qui ont pu sauvegarder une indépendance économique fragile. Des petits fonctionnaires, postiers, gardes champêtres qui n'ont ni la considération, ni les revenus des enseignants. Des petits artisans, menacés de disparition à plus ou moins brève échéance, de petits commerçants, surtout des débitants de boisson. Des retraités, enfin. Tout ce monde a des ressources très restreintes et se trouve très heureux quand il peut y joindre les revenus de quelques stremmata de sultanines.

Se sentant toujours plus ou moins menacés de prolétarisation, tous ces groupes sociaux sont animés d'un vif désir d'ascension sociale. C'est souvent parmi eux que se rencontre le plus grand souci d'instruction pour les enfants, y compris les filles. Il est assez curieux de constater qu'au collège, filles et garçons d'artisans, de commerçants, de petits fonctionnaires s'équilibrent, alors que les garçons sont beaucoup plus nombreux chez les enfants d'agriculteurs, mais aussi d'«intellectuels»: enseignants et

PLANCHE I

1— Cliché H. Argyriadis. Pobia, vue générale prise du collège.

2— Cliché H. Argyriadis. La place Stavros.

3— Cliché G. Burgel. Une rue dans le nouveau village: maisons d'ouvriers agricoles.

4— Cliché G. Burgel. Une maison bourgeoise du nouveau village.

prêtres(1). C'est aussi parmi ces groupes modestes que se recrutent beaucoup de candidats à l'émigration. Si les exploitants agricoles moyens sont souvent très accrochés à la terre, les artisans, les petits fonctionnaires sont particulièrement vulnérables; rien ne les attache beaucoup au village et ils possèdent assez d'ambition et de volonté de réussir pour tenter le grand départ.

Dans le cadre de l'évolution actuelle, la plupart de ces éléments courent le risque d'être rejetés parmi les pauvres. Quand ils en prennent une conscience fragmentaire, ils sont enclins à l'aigreur et à la réaction.

c) Les pauvres Microfundiaires, ouvriers agricoles sans terres, forment une masse assez indifférenciée, qui va de la grande médiocrité à l'extrême misère. En général, tous possèdent leur maison et la plupart une toute petite exploitation qui permet de fournir le ménage en produits de première nécessité: huile, quelquefois légumes. Ces petites gens sont toujours à la merci des propriétaires qui leur donnent du travail. Évidemment, il n'y a aucune raison pour que d'une année à l'autre, on puisse se passer brutalement de leurs services. On constate même qu' ils exercent une certaine pression sur leurs employeurs: devant la raréfaction des salariés agricoles, certains exploitants sont amenés à fournir des avances afin de retenir des ouvriers pour la récolte des sultanines, par exemple. En fait, cette situation témoigne moins d'un manque absolu de main-d'œuvre, que de difficultés à étaler les gros travaux agricoles.

Cette embauche intermittente n'est pas compensée par un esprit de prévoyance très développé. Les brutales rentrées d'argent entraînent des pointes de sur-consommation, alimentaire, ou même vestimentaire, qui font dire qu'aujourd'hui même les pau-

(1) Pour l'année scolaire 1963-64, les professions des pères d'élèves se répartissaient ainsi au collège de Pobia.

	Garçons	Filles
Agriculteurs	301	181
Artisans	24	19
Commerçants	20	22
Petits fonctionnaires et employés	11	10
Enseignants, popes	8	2
Ouvriers, conducteurs	5	5
Pensionnés	3	10
Divers	3	—
Orphelins	15	6
TOTAL	390	255

vres vivent bien. En fait, elles rejettent les pauvres en période de sous-emploi dans une misère encore plus profonde. Dans ce groupe social, il n'y a pas de perspectives lointaines. On vit au jour le jour. Dès lors, les chances d'amélioration sont soumises aux qualités personnelles des intéressés. Les plus audacieux ou les plus désespérés n'hésitent guère à grossir les rangs de l'émigration.

* * *

Ainsi, la situation actuelle est-elle marquée du signe de l'instabilité. Au déséquilibre des structures de l'habitat et de l'espace cultivé, répondent les déséquilibres techniques, économiques et sociaux d'un monde en crise. Le tracteur et le motoculteur sont entrés brutalement dans l'âge de l'âne et de la bêche, sans faire disparaître ni l'un ni l'autre. Les résistances ne sont pas moindres au niveau des systèmes de cultures: la vigne à sultanines concentre les efforts, mais l'olivier et les céréales occupent encore une place majeure dans le paysage rural. Plus profondément, la sultanine met le paysan au contact d'un marché européen, sinon mondial, où le prix des denrées échappe totalement à son contrôle; mais matériellement, il reste dans un univers où les échanges demeurent extraordinairement limités, où l'alimentation est encore essentiellement fondée sur les produits de l'exploitation: le blé, l'huile, les légumes. Enfin, les inégalités sociales, si elles ne datent pas d'aujourd'hui, se doublent maintenant d'une nouvelle dimension: elles deviennent moins quantitatives que qualitatives. C'est en effet moins la richesse qui oppose les grands exploitants aux microfundiaires que des devenirs différents et contradictoires: prolétarisation pour les uns, tentatives de modification des structures foncières pour les autres.

DEUXIÈME PARTIE

L'ÉVOLUTION NATURELLE

CHAPITRE III

L' ÉVOLUTION ÉCONOMIQUE

Il apparaît donc que le présent n'est pas un moment banal dans l'histoire de Pobia. Certes tout observateur a l'impression de saisir un tournant des choses, semblable au promeneur qui prend la ligne d'horizon pour le terme du monde. Mais ici trop d'indices dissipent les illusions. Toutes les vieilles structures craquent: les fonctions du village se sont réduites sans qu'ait véritablement changé la répartition professionnelle; il y a eu transfert des terroirs utiles sans modification du site du village, les systèmes de cultures se sont modernisés quand la structure agraire et sociale n'évoluait pas. Bref, on est arrivé aujourd'hui à un point de rupture, où toutes les tensions internes s'allient pour bloquer le développement et inciter à l'abandon. Pour qui veut agir, la tentation est alors forte de se tourner vers l'avenir et de refuser en bloc ces contradictions. Nous croyons que cette réaction est puérile et dangereuse. Nous croyons que seule la médiation du passé permettra d'esquisser les différentes options d'une action volontaire. Et cela pour deux raisons. D'abord parce que ce présent, si original soit-il, n'est qu'un moment d'une évolution qu'il est nécessaire d'éclairer pour le mieux connaître. Ensuite parce qu'il faut savoir, qu'en l'absence même d'initiative administrative, l'évolution se poursuivra avec les lignes de force actuelles. C'est finalement la raison majeure qui nous a fait choisir d'insister sur l'évolution naturelle, qui s'est déroulée sans prise de conscience ni de l'administration ni des intéressés qui la vivaient.

Comme toujours, il faut essayer dans cette tentative historique de faire dialoguer économie et démographie. Il ne sert à rien d'étudier les changements des systèmes culturaux sans voir leurs répercussions sur le peuplement, pas plus que les phénomènes migratoires sont séparables de leur contexte économique. Dans cet esprit, l'évolution économique du village pose deux problèmes, qu'on s'attachera maintenant à présenter, sinon à résoudre. D'une part, quelles sont les modifications intervenues dans la mise en valeur agricole? S'agit-il d'un lent mouvement séculaire ou peut-on déceler des moments de rupture? Notamment la crise présente correspond - elle à une accélération de l'évolution? D'autre part, dans quelle mesure les changements de systèmes de cultures ont-ils entraîné une amélioration de la vie des habitants? C'est tenter de mesurer l'évolution des ressources et des niveaux de vie et par là approcher l'origine profonde du sous-développement.

I. L'ÉCONOMIE ANCIENNE

Les relations des voyageurs(1) décrivent volontiers la Crète comme un pays riche, particulièrement la Messara. A travers ces récits, notre région ne fait pas mentir sa réputation antique de grenier à blé? Pitton de Tournefort, qui visite l'île au début du XVIIIe siècle(2), écrit: «le froment y est excellent, surtout aux environs de Candie (Iraklion) et dans la plaine de la Messaria». Et Frieseman lui fait écho près d'un siècle plus tard(3): «la plaine de Messara est proprement le grenier de l'île». Tandis que Savary, qui passe en Crète quelques années plus tard, se montre encore plus éloquent(4): «Nous entrons dans la plaine de Messara, qui a sept lieues de long et s'étend jusqu'à la mer du midi. C'est la plus fertile en bled de tout le royaume de Candie; la terre y est excellente et la récolte ne trompe jamais l'espérance du laboureur».

Mais c'est Raulin(5) qui fournit encore les renseignements les plus précieux et permet de dresser un tableau de la région au milieu du XIXe siècle. Le premier caractère qui le frappe est l'aspect ouvert du paysage: «la plaine de Messara s'étend à perte de vue vers l'Est; elle est fort une, les oliviers y étant peu nombreux». Faut-il en conclure que l'olivaie dense qui occupe aujourd'hui le centre de la plaine est d'origine récente? Faute de connaissances précises en oléiculture, il est difficile d'en juger. Mais certains arbres paraissent beaucoup plus que centenaires. Il est en tout cas à peu près certain que Raulin qui visite la Crète vers 1850 a encore sous les yeux les résultats de la ré-

(1) Nous nous excusons auprès du lecteur de devoir fonder notre argumentation sur des documents aussi subjectifs que des récits de voyageurs. L'absence d'archives —ou en tout cas leur accès très difficile— est un des obstacles majeurs de l'enquête rurale en Grèce. Bien que nous n'ayons pas eu le loisir d'épuiser toutes les sources de documentation (chartes de monastères notamment), nous n'avons pas cru devoir nous interdire toute profondeur historique.

(2) Pitton de Tournefort. Relation d'un voyage au Levant.

(3) Frieseman. Description historique et géographique de l'Archipel.

(4) Savary. Lettre sur la Grèce.

(5) Raulin. Description géographique de l'île de Crète.

pression turque de 1824-1830: nul doute que les représailles ne s'exerçaient particulièrement sur les cultures arbustives (oliviers et vignes) et avaient ainsi des conséquences plus durables dans le paysage et l'économie.

Quels étaient dès lors les fondements de la vie agricole? Raulin insiste sur la vocation céréalière de la Messara, qui a survécu à tous les changements politiques. Après l'avoir mise sur pied d'égalité avec la Sicile pour la période romaine, il note que «pendant les derniers temps de la domination vénitienne, la plaine de Messara, partout très fertile, fournissait des grains, blé et orge», avant d'ajouter: «le froment y est excellent». D'ailleurs, les blés de la Messara n'ont-ils pas «obtenu à l'Exposition Universelle de 1855 à Paris une mention honorable, seule récompense accordée aux produits de la Crète». Terre à blé, la Messara est depuis longtemps engagée dans l'économie de marché. Tous les voyageurs notent à l'envi que le pain y est mauvais. En effet, les cultivateurs «transportent le blé sur le dos de leurs ânes à Candie, Rethimno et même à La Canée, et quelque abondante que soit la récolte, il n'en gardent jamais pour eux... Ils se nourrissent toute l'année d'un pain d'orge très grossier. Le pur froment est réservé pour les aghas et pour les riches habitants des villes».

A côté des céréales, Raulin parle encore des «nombreux jardinages produisant des concombres et des pastèques; les premiers fournissent en leur saison un article important d'alimentation, un Crétois faisant un repas complet avec un peu de pain et un ou deux petits concombres pelés». Nous pouvons assurer que sur ce point les menus n'ont guère changé en Messara. En fait, le tableau des productions de la Messara dressé par Raulin en 1847 permet de se faire une idée des cultures de la région. Une chose frappe, qui est l'uniformité beaucoup plus grande des systèmes de cultures. Les productions sont dominées par les céréales (froment, avoine, orge). Le vignoble est très peu développé: la Messara est créditée d'une production moyenne de 200 quintaux de vin sur un total de 85 000 pour la Crète, quand les vignes de la Messara constituent actuellement le cinquième des superficies plantées de l'île([1]). De même la Messara fournissait à cette époque à peine le douzième de la production d'huile de la Crète, aujourd'hui l'olivaie forme près du sixième des plantations de l'île.

(1) Ces indications ne visent évidemment pas à la précision. Il est regrettable notamment que nous ayons été contraint de comparer des chiffres de production et des superficies: mais Raulin ne donne que des statistiques de production et nous ne possédons aujourd'hui des documents comparables aisément accessibles que dans le cadre du nomos (département), dont les limites administratives correspondent très mal avec l'unité naturelle de la Messara.

Finalement, la différence majeure entre l'économie ancienne et l'économie actuelle apparaît dans la plus grande diversité présente des cultures. Contrairement à beaucoup de régions, où l'évolution s'est traduite par une ouverture de l'économie agricole aux marchés extérieurs, la Messara est depuis fort longtemps soumise à l'économie de marché. Oserons-nous affirmer que cette tradition a sans doute contribué à forger durablement la mentalité du cultivateur de la région? Plus d'une fois nous avons souligné ce que cette mentalité avait de peu paysan, de véritablement commerçant dans ses structures les plus profondes. Cette tradition explique finalement mieux que tout l'étonnante rapidité d'adaptation à des cultures nouvelles. Nous avons à faire en Messara à un type d'exploitant ouvert aux possibilités du marché et qui a su s'adapter en diversifiant ses productions pour répondre à une nouvelle conjoncture: essentiellement on est passé, au cours du XXe siècle, d'un équilibre cultural fondé sur le blé destiné à la commercialisation et associé à des cultures vivrières assez restreintes (céréales secondaires, légumes, oliviers) à un équilibre où les cultures commercialisées sont plus variées (sultanines, oliviers, excédent de céréales) et où les cultures vivrières occupent des surfaces plus restreintes. Facteur positif à compter dans les chances de développement, cette ouverture d'esprit n'en coexiste pas moins avec des archaïsmes techniques qui ont la vie dure.

Nous en voulons pour preuve les descriptions faites par Raulin des systèmes de cultures, qui témoignent souvent de pratiques peu différentes de celles d'aujourd'hui. Au XIXe siècle, les assolements apparaissent aussi peu rationnels: «on cultive d'abord l'avoine, puis l'orge; le froment ne vient qu'en troisième lieu. Cette rotation se poursuit jusqu'à ce que le sol ne rende plus que deux fois la semence, ordinairement pendant trois ou quatre années. Après une ou deux années de jachère, on brûle les grandes éteules et les broussailles; et on donne un premier labour en Octobre ou Novembre, puis un second en travers au printemps, un dernier précède les semailles qui sont ordinairement en coton ou en sésame». N'était la suppression de l'assolement coton—sésame, la description serait encore valable de nos jours. De même, présentant cette fois l'organisation d'un tchiflick, Raulin note une caractéristique déjà soulignée ici: «le sol est divisé en terres à céréales, vignes et oliviers; mais sans intelligence agricole; la terre, faute de soins, ne donnant qu'une année sur deux de bonnes récoltes, celles-ci ne sont nullement aménagées de manière à être suppléées l'une par l'autre». Que de fois ne nous sommes-nous pas étonné nous-même devant cette succession volontaire de vaches maigres et de vaches grasses!

Enfin l'économie ancienne souffrait de la même insuffisance de l'élevage qu'actuellement. Le fidèle Raulin note avec soin les conséquences: «l'usage du fumier n'existe pas, les animaux, tenus sans litière, n'en produisent que très peu, et les immondices des villes sont à peine employées». La situation ne s'est guère améliorée depuis à cet égard. Certes, nous l'avons vu, l'emploi des engrais industriels a suppléé dans une certaine mesure l'insuffisance des engrais naturels, mais ils sont surtout réservés aux cultures très spéculatives (sultanines) et leur cherté en limite encore l'utilisation. Surtout ils se sont introduits dans l' économie agricole de l'extérieur comme un besoin nouveau, un peu comme une nouvelle machine dont l'acquisition semble indispensable à la réussite du produit(1). Bref, le paysan de Messara n'a pas connu ce qui a permis dans les campagnes occidentales l'amélioration interne des méthodes culturales par une association plus rationnelle des assolements et de l'élevage: la révolution agricole n'a pas eu lieu en Messara.

Quelles sont les raisons de cette évolution bloquée? Les conditions naturelles ont été trop souvent invoquées. Que le climat et les sols aient rendu — et dans une certaine mesure rendent encore — difficile en terre grecque ce «mal nécessaire» qu'est l' élevage, nous en sommes convaincu. Mais ces raisons n'enlèvent pas une adhésion totale. Tant que des études historiques approfondies du type de celles de Marc Bloch dans les campagnes françaises n'auront pas été menées, toute étude de géographie agraire se heurtera en Grèce à des obstacles sérieux. Dans notre région, nous en sommes réduit aux conjectures pour expliquer l'absence d'une révolution agricole, dont les effets se font sentir jusqu'à nos jours.

La première hypothèse réside dans l'existence de grands domaines, qui ont pu empêcher ou freiner l'intensification des systèmes de cultures. La présence de la grande propriété ecclésiastique est attestée par Tournefort en 1717 en des termes assez contradictoires qui dénotent surtout un esprit anticlérical marqué: «les papas(2) et les caloyers(3) possèdent le plus beau et le meilleur bois de l'île. S'il y a un bon fond, une plaine fertile, de beaux oliviers, des vignes bien cultivées, il ne faut pas demander à qui elles appartiennent, on trouve bientôt le monastère.... Toutes les belles fermes dépendent des couvents; c'est peut-être ce qui a ruiné le pays, car les moines ne sont guère propres à soutenir un état». Et Raulin ajoute: «les monastères grecs possèdent de longue date, des étendues considérables de terrains et des meilleurs; les kaloyeri exploitent, soit eux-mêmes avec des

(1) Cette attitude explique une surutilisation souvent catastrophique des engrais chimiques. Plusieurs fois nous ont été signalées les brûlures irréversibles provoquées aux ceps de vigne par l'emploi intempestif d'engrais.
(2) Prêtres orthodoxes.
(3) Déformation du grec kaloyeros (le moine).

domestiques à gages, soit en louant à des métayers». Autre grande propriété, les tchiflicks des aghas turcs, dont nous savons par le même Raulin la sous-exploitation. Si l'existence de la grande propriété est incontestable —et s'est perpétuée jusqu'à la dernière guerre pour la grande propriété ecclésiastique—, il est plus difficile dans l'état actuel de la 'documentation de juger son rôle de frein dans l'évolution des structures agricoles.

Deuxième hypothèse avancée: l'impuissance des moyens exploitants ruraux à promouvoir des changements fondamentaux. En effet, au cours du XIXe siècle, se réalise dans les campagnes crétoises un phénomène intéressant: la constitution d'un paysannat indépendant au détriment de la grande propriété étrangère. Cette expérience est originale, dans la mesure où pour la première fois depuis longtemps se trouve certainement rompue la succession en chaîne des conquérants sur les grands domaines de l'île —des Byzantins aux Vénitiens et des Vénitiens aux Turcs—, et se crée une classe moyenne nationale et rurale. Raulin en a très bien saisi les raisons: «l'impossibilité où sont aujourd'hui les aghas des campagnes, soit de faire cultiver gratuitement leurs terres par les rayas chrétiens, soit de prendre celles de ces derniers, quand ils se sont eux-mêmes ruinés, a pour effet de les appauvrir. Aussi un certain nombre vendent peu à peu leurs propriétés et se retirent à Stamboul, ou dans les parties de la Turquie plus exclusivement musulmanes». Ainsi l'abandon politique est précédé —et fort avant— d'un abandon économique. Mais ce paysannat national semble avoir été incapable de véritables efforts de rénovation. Peut-être la raison profonde en est-elle dans le processus même du phénomène. En effet, note Raulin, «le cultivateur chrétien achète continuellement des terres et pour parfaire le prix d'achat de certaines pièces qui arrondissent sa propriété, il va jusqu'à faire des emprunts très onéreux». C'était au fond —et avant la lettre— une réforme agraire bourgeoise: l'endettement des exploitants grecs a contrebalancé le bénéfice qu'ils retiraient d'une propriété libre.

Cette remarque amène à formuler une troisième hypothèse sur le rôle de l'occupation étrangère dans le maintien de structures économiques et techniques archaïques. Il ne fait pas de doute que les Vénitiens ont considéré l'île comme une colonie de plantation destinée à pourvoir leur commerce maritime lointain et Raymond Matton[1] avance que «par l'application de droits divers, Venise tirait de l'agriculture crétoise un million de ducats annuels». Dès lors les provéditeurs ont beau jeu «d'appeler l'attention sur la dépopulation incessamment croissante de l'île» (Raulin), ils ne peuvent en comprendre la cause, liée au

(1) R. Matton. La Crète au cours des siècles p. 118.

mode d'exploitation de l'île. Dans les premiers temps de la domination turque, l'exploitation paraît beaucoup moins rationnelle mais tout aussi lourde de conséquences. «Pourquoi le Grec chercherait-il dans les campagnes à doubler les produits de son champ? Il est content s'il a du pain pour sa famille; deux ou trois tonneaux de vin lui suffisent; s'il en avait cinq ou six, il serait remarqué; le soubachi ne manquerait pas de prétexte pour le dénoncer, et l'agha de moyen pour le dépouiller.... Exposés sans cesse à se voir enlever leurs récoltes par l'agha,..... les cultivateurs ne sont jamais portés à arracher de la terre, par un surcroît de travail, un produit, qu'ils verraient passer entre les mains de ceux qu'ils ont tant de raisons de haïr»(1). Certes après la révolte de 1821, les conditions ont changé, qui amélioraient la situation des exploitants grecs: «aujourd'hui, écrit Raulin, les propriétaires musulmans ou chrétiens, grands et petits, le sont au même titre et paient directement l'impôt du septième» sur toutes les productions agricoles. Surtout évoluait la situation politique générale, qui avantageait pareillement le paysannat grec. Mais les temps avaient passé des grandes transformations agricoles.

Finalement, du XVIe au XVIIIe siècle, à l'heure où dans les campagnes occidentales s'élabore, puis se réalise la révolution agricole, la Crète connaît une domination politique et une exploitation économique qui interdisent le processus. Au cours du XIXe siècle, la situation du paysan crétois ne cesse de s'améliorer: de «la plus misérable des conditions, le montagnard, qui vivait de racines et enfouissait ses gains»(2), est passé à un état où «il peut acheter toutes les terres qu'il veut»(3). Si la libération économique et sociale a précédé la révolution politique, elle a coûté cher et hypothéqué les chances de rénovation: au moment où triomphe en Occident la révolution industrielle, la Crète est non seulement en retard d'une étape, mais elle s'installe durablement —la Messara en tête— dans ses traditions d'agriculture de marché semi-colonial et d'archaïsmes techniques.

II. L'ÉVOLUTION RÉCENTE

1. Les transformations économiques après le rattachement à la Grèce L'histoire économique de la Crète pendant la première moitié du XXe siècle nous est mal connue. Les touristes se multiplient, mais il n'y a plus ou guère de voyageurs sensibles aux réalités économiques

(1) Olivier. Voyage dans l'Empire ottoman, cité par R. Matton p. 177.
(2) Tancoigne. Voyage à Smyrne, dans l'Archipel et l'île de Candie. 1817.
(3) Calbin. L'île de Crète. 1898.

et sociales(1). Nous disposons, il est vrai, des premiers Recensements agricoles systématiques. Mais il est difficile d'en apprécier la valeur et faute de renseignements publiés suffisamment précis, nous n'avons pas pu isoler notre région; il faut nous contenter de juger les transformations du nomos (département) d'Iraklion, voire de l'île entière.

Le premier caractère est l'augmentation générale des superficies cultivées. Pour l'ensemble de la Crète, la superficie agricole passe de 63 000 hectares en 1914 à 84 000 hectares en 1928 (2). Entre les deux Recensements agricoles de 1929 et de 1950, la superficie cultivée, comprenant exclusivement les cultures annuelles, l'arboriculture et la viticulture, passe de 156 000 hectares à 222 000 hectares(3). Malgré les importantes disparités absolues dues aux différences de critères, la tendance générale ne fait pourtant aucun doute.

Cette augmentation générale de l'espace cultivé cache des dynamismes inégaux. A l'échelle de l'île, entre les deux Recensements agricoles de 1929(4) et de 1950, les superficies cultivées passent de l'indice 100 à l'indice 142, mais les cultures annuelles et la vigne ne progressent que moins sensiblement (respectivement 125 et 127), tandis que l'arboriculture, essentiellement l'olivaie, double d'importance (indice 207). Cette évolution économique générale est à mettre en rapport avec l'évolution démographique de l'île: la population totale passe de 337 000 habitants en 1901(5) à 462 000 unités en 1951. Nous verrons dans le chapitre suivant les causes de cet accroissement de près de 40% en 50 ans. Contentons nous de souligner ici que la pression démographique associée à la sécurité retrouvée explique l'expansion agricole générale.

Les statistiques possédées permettent de préciser ces tendances pour le nomos d'Iraklion(6). Les céréales connaissent les plus forts accroissements absolus, qui s'ajoutent à des superficies déjà très importantes. Les surfaces emblavées passent, de 1918 à 1951, de 19 000 hectares à 28 000. En fait, l'évolution est inégale: le blé triple presque ses superficies (de 3 800 hectares, il passe à

(1) Nous n'avons pas pu avoir accès à Athènes à l'article de N. Kreutsburg, Kreta, Leben und Landschaft, in Zeitschrift der Gesellschaft für Erdkunde, 1928, p. 16-38; non plus qu'aux articles publiés dans la Géographie: M. Oulié et V. Bruhnes, La Crète d'aujourd'hui et la Crète d'autrefois, 1926, p. 238-246; M. Langeron, De la mer de Crète à la mer Libyque, à travers la Crète centrale, 1927, p. 345-376.

(2) Annuaire Statistique de la Crète 1930.

(3) Recensement agricole de 1950.

(4) Nous ne possèdons pas ici de référence plus ancienne.

(5) Chiffre cité par R. Matton p. 182.

(6) Statistique Annuelle du Rendement agricole 1916 et 1918.

10 800), tandis que l'orge et l'avoine ne connaissent que des accroissements moindres (5 900 hectares à 8 400 pour l'orge, 6 100 à 7 800 pour l'avoine) et que le méteil diminue de moitié (2 800 hectares à. 1 400 hectares). Il y a donc déclin relatif des céréales secondaires au profit du froment. Cette modification quantitative devant s'accompagner d'ailleurs d'une plus grande autoconsommation de blé par les paysans de l'île.

A côté de cet accroissement massif des emblavures, les autres modifications restent souvent marginales, moins par les taux d'évolution que par les superficies intéressées. Dans le nomos d'Iraklion, entre 1918 et 1951, les surfaces consacrées aux légumes secs s'accroissent, mais restent encore très restreintes: 2 000 hectares environ en 1918, 2 800 en 1951. On assiste parallèlement à un déclin très prononcé des restes d'agriculture coloniale liée à l'occupation turque: le tabac, le lin, et surtout le coton achèvent de disparaître de la liste des produits agricoles. Au contraire, des équilibres établis se modifient: c'est le cas au premier chef de la vigne. Dans la période considérée, la vigne à vin stagne (6 300 hectares en 1918 contre 5 800 en 1951), tandis que le vignoble destiné au raisin de table progresse très sensiblement (de 1 500 à 2 600 hectares). En fait, la distinction est en grande partie arbitraire, beaucoup de «raisin de table» étant destiné à la vinification. Plus significative apparaît dès cette époque l'évolution du vignoble destiné à la production de raisins secs: doublement des superficies plantées (de 4 300 à 9 600 hectares), élimination à peu près totale du raisin de Corinthe au profit des sultanines. Enfin dans le même temps, l'olivaie quadruple de superficie.

Toute cette évolution du demi-siècle écoulé, dont nous saisissons les lignes de force par ses résultats, repose sur deux faits: la colonisation des plaines, la division des grandes propriétés (derniers tchiflicks, et surtout domaines ecclésiastiques). Ces deux faits sont d'ailleurs très souvent liés, à cause de la localisation privilégiée de la grande propriété dans les plaines. Nous verrons au chapitre suivant comment les montagnards des bordures de la Messara ont peuplé les villages de pied de pente, comme Pobia. Nous sommes beaucoup moins bien renseigné sur le processus exact de division des grands domaines. Nous avons déjà signalé l'originalité du parcellaire de Mirès, qui révèle une division systématique, inconnue dans les villages de piémont. Mais il est plus difficile de savoir à qui a été la terre. La tradition veut que ce soient les petits exploitants qui en aient été les principaux bénéficiaires. A Pobia, dans un cas très précis, nous avons constaté qu'un ancien émigrant en Amérique avait constitué une exploitation très florissante, avec notamment une parcelle en plaine de plus de 3 hectares irrigués, en rachetant les terres d'un monastère, situées sur la commune. Il faut plus qu'un exemple isolé pour infirmer une tradition. Il y a là un problème très sérieux, que nous n'avons fait malheureusement qu'effleurer.

Malgré tout, s'il est permis de risquer une hypothèse, nous n'avons pas le sentiment que cette première moitié du siècle marque une rupture brutale avec le passé. Sur le plan technique, la fin de la domination turque est suivie d'une expansion considérable de l'espace cultivé, qui accompagne logiquement la montée démographique et la mise en valeur des plaines. Mais il n'y a pas intensification sensible des rendements, qui restent toujours inférieurs à 10 quintaux à l'hectare pour les céréales pendant toute la période. On constate certes l'introduction de nouvelles cultures spéculatives; mais le processus est lent et sans commune mesure avec les tranformations actuelles: en plus de 30 ans, de 1918 à 1951, les superficies plantées en vignes à raisin sec dans le nomos d'Iraklion augmentent de 5 000 hectares, mais en 10 ans, de 1951 à 1961, elles s'accroissent de 17 000 hectares. Sur le plan social, la constitution d'un noyau de moyens propriétaires fonciers, amorcée dès la seconde moitié du XIXe siècle, se poursuit certainement, mais il n'y a pas encore remise en cause des structures sociales: nous avons vu au contraire comment l'expansion actuelle des sultanines et les tranformations techniques qui leur sont liées accentuent les inégalités existantes. Bref, la véritable rupture se situe après la seconde guerre mondiale: ce sont les modifications des vingt dernières années qui ont toute chance de relancer une évolution que l'histoire n'avait cessé de freiner.

2. Les modifications actuelles des systèmes de cultures

Pour approcher l'évolution récente des systèmes de cultures, nous avons essentiellement utilisé les statistiques agricoles communales tenues depuis 1955 par les agronomes du Ministère de l'Agriculture. Le document est de très inégale valeur: les fonctionnaires se contentent d'estimer pour chaque année agricole les superficies cultivées, les volumes produits, et très souvent de recopier d'une année sur l'autre les nombres précédents. Par ailleurs, des différences sont apparues entre les états consultés au Ministère et les «doubles» conservés à Mirès: les nombres du Ministère se trouvaient très souvent gonflés... Tel qu'il est, le document permet d'établir un certain nombre de faits dont la valeur ne semble pas douteuse.

Les villages montagnards de la Messara (Pigaïdakia, Miamou, Gergéri) connaissent un déclin plus ou moins marqué des céréales, plus important pour les céréales secondaires surtout pour

1— «....C'est une vaste région de cultures sèches....»

2— «....Une grosse pompe située au milieu de la plaine....»

3— «....L'âne reste encore, et pour tous, le moyen de transport le plus commode....»

4— «....Dans ce village resserré, où l'on épie et se côtoie....»

l'orge, que pour le blé. Le volume de la production semble suivre la même courbe, ce qui indique une stagnation des rendements assez attendue dans cette atmosphère de céréaliculture extensive. Les rendements moyens à l'hectare restent encore très bas et ne progressent que très lentement à Pigaïdakia: (7.1 quintaux pour le blé en 1956-58 et 8 en 1961-63). Ces remarques rejoignent les constatations faites pour l'ensemble du territoire grec(1): la progression quantitative de la production de blé dans les plaines de la Grèce du Nord est due autant à l'extension des surfaces emblavées qu'à l'augmentation des rendements, qui passent en Macédoine de 14.4 quintaux à l'hectare en 1955-56 à 16.8 en 1959-1960, alors que dans le même temps ceux du Péloponnèse montagneux stagnent (12.1 à 12.3 q. à l'ha). La montagne crétoise participe au mouvement de repli agricole de la Vieille Grèce.

Dans les villages de montagne, le déclin des céréales n'est qu'en partie compensé par la progression d'autres cultures: légumes de plein champ (essentiellement pommes de terre) et cultures fourragères (vesces). En l'absence d'enquête orale sur place, il est difficile d'évaluer le sens exact de ces changements. Jouent sans doute la concurrence d'autres régions céréalières mieux placées (Thessalie, Macédoine) et la crise démographique de la montagne (voir chapitre suivant), qui doit se répercuter sur les systèmes de cultures.

Les villages-témoins choisis dans la plaine (Mirès, Timbaki et Pétrokéfali) et sur le versant (Galia, Plora et Pobia) présentent une évolution identique depuis dix ans. Les principaux caractères sont les suivants.

(1) Voir G. Burgel. Les dynamismes géographiques en Grèce in Néa Économia, Juin 1965, p. 510-514 (en grec).

PLANCHE II

1— Cliché G. Burgel. La riza et le livadi; on distingue, dans la plaine, les vignes aux couleurs plus claires et les oliviers; en arrière plan, les contreforts du Psiloritis.

2— Cliché G. Burgel. Le forage communal; remarquer le départ du réseau de canaux cimentés.

3— Cliché H. Argyriadis. Une rue du nouveau village.

4— Cliché G. Burgel. Une rue du vieux village.

a) Repli des céréales Selon les communes, le blé se maintient mieux que l'orge ou l'inverse, tandis que l'avoine connaît une baisse généralisée, conséquence de la mécanisation agricole. Ici, toutefois, le déclin des surfaces emblavées est accompagné d'une intensification certaine des méthodes culturales et le volume de la production se trouve très souvent renforcé. A Pobia, les rendements moyens à l'hectare passent pour le blé de 11 quintaux en 1956-58 à 13 quintaux en 1961-63; pour l'orge, les chiffres respectifs sont 8.7 quintaux à l'hectare et 14.8 et pour l'avoine 7.7 et 10(1). Bien que les résultats obtenus soient encore inférieurs aux moyennes nationales (14.7 quintaux à l'hectare pour le blé en 1958-1961), la plaine polarise tout l'essor d'intensification des cultures. C'est la répercussion à l'échelle régionale du dynamisme géographique majeur constaté à l'échelle nationale: la contraction du territoire économique dans les plaines.

b) Légère progression des oliviers Quoique la récolte des olives détermine des pointes de travail agricole de plus en plus difficiles à écrêter, on constate une petite augmentation des plantations d'oliviers. L'olivaie a toujours assuré des hauts revenus en année de production. En outre, le labour au tracteur, praticable en plaine, permet de réduire considérablement les besoins de main d'œuvre: en dehors de la période de récolte, l'olivier réclame relativement peu de soins. Dans quelques années, l'entrée en production des nouveaux plants entraînera certainement des difficultés de main d'œuvre accrues; pour l'instant, les nouvelles plantations évitent souvent l'extension des friches. Toutefois, on ne peut que regretter l'absence d'efforts faits pour compenser les aléas du cycle biologique de l'olivier: la production reste encore très déséquilibrée d'une année à l'autre sans qu'on cherche, semble-t-il, à y rémédier, par un choix judicieux de l'âge des sujets plantés.

c) Augmentation des cultures fourragères Dans tous les villages de plaine, les cultures fourragères progressent, essentiellement vesce et ers. Elles sont le plus souvent semées en assolement avec les céréales et leur augmentation contribue à assurer l'intensification des rendements mais n'a qu'une très faible incidence sur l'élevage. Depuis dix ans, les effectifs du troupeau paraissent bloqués (120 ânes, 50 bœufs, 100 vaches, 400 moutons et 200 chèvres à Pobia). Tout au plus y-a-t-il légère réduction des bœufs de labour devant la concurrence du tracteur; ils sont

(1) La courte période choisie ne permet que d'éliminer partiellement la conjoncture climatique. Les progrès sont toutefois indéniables depuis l'avant-guerre.

souvent remplacés par des bouvillons, acquis grâce à des prêts assez généreux de la Banque Agricole. Destinés à la boucherie, ces bouvillons sont engraissés et vendus quelques mois après. En fait, la majorité de la production fourragère est encore consommée sur place; en l'absence d'une augmentation importante du troupeau, il y a sans aucun doute amélioration de l'alimentation du bétail existant. Mais cette amélioration n'empêche pas le gaspillage: une grande partie des fourrages artificiels est · consommée en vert. C'est l'adoption de la solution de facilité en raison du morcellement de la terre: dans bien des cas, la dépaissance de la prairie artificielle a remplacé tout simplement le parcours libre sur la jachère.

d) Modification de l'équilibre des cultures spécialisées Avant la guerre, la Messara était grosse productrice de légumes. Aujourd'hui, les surfaces consacrées aux légumes ont très sensiblement diminué et sont le plus souvent reconverties en sultanines. En fait, un début de spécialisation se dessine: établie en bordure de la mer, sur des alluvions fluviales facilement échauffables, Timbaki se voue aux primeurs (tomates et haricots verts). Une expérience malheureuse a confirmé Timbaki dans sa vocation: en 1960, la récolte de sultanines a été en grande partie détruite par le mildiou. La crise a déterminé un arrachage massif des vignes. D'ailleurs, pour des raisons difficiles à déceler, Timbaki semble manifester une certaine méfiance pour les cultures spécialisées: en 1962, il y a eu de même diminution massive des surfaces consacrées aux haricots verts, sans que l'on puisse y voir encore un renversement de tendance. Cette méfiance paraît avoir des racines profondes dans l'esprit des habitants: engouement subit pour les nouvelles cultures, mais qui tombe vite à la première crise et confiance renforcée dans les produits traditionnels: en dix ans, l'olivaie déjà riche de 60 000 plants s'accroît de 30 000 arbres et —fait tout à fait exceptionnel— les surfaces emblavées doublent d'importance sans que les rendements soient pour autant renforcés (stagnation à 10 quintaux par hectare pour le blé).

Mais Timbaki occupe une place originale. Dans les autres communes de plaine et de versant, toutes les cultures sont bousculées par l'invasion massive et durable des vignes à sultanines. De 1955 à 1964, la surface plantée en sultanines est passée à Pobia de 80 hectares à 180 hectares (superficie totale cultivée dans la commune 1200 hectares) et la production de raisins secs a quadruplé de volume (de 200 à 800 tonnes). Dans le livadi, toutes les autres cultures cèdent du terrain: céréales évidemment, mais aussi vignes à vin, dont les plants sont arrachés et remplacés par les sultanines, et surtout jardins.

Cette tranformation massive, dont nous avons signalé les effets dans le paysage, est due à deux causes essentielles:

—la demande du marché mondial: depuis longtemps premier fournisseur en raisins secs des pays industrialisés d'Europe de l'Ouest (Angleterre et Allemagne), la Grèce connaît une concurrence accrue de la part de nouveaux venus (Australie notamment). Elle réplique en présentant un produit très apprécié des consommateurs, la sultanine sans pépin et à haute teneur en sucre et qui a conquis de nouveaux marchés (France, Europe de l'Est, notamment URSS et Tchécoslovaquie).

—favorisée par son climat, la Messara s'est trouvée très vite disponible à la nouvelle spéculation. Outre la mentalité traditionnelle que nous avons précédemment analysée, la conjoncture climatique a précipité le revirement. En effet, de 1955 à 1960, la région connaît une période particulièrement sèche, où les totaux annuels des précipitations tombent au dessous de 500 mm (nous utilisons ici les relevés pluviométriques enregistrés soigneusement au collège de Pobia). Ces années de sécheresse successives ont appauvri la nappe d'eau superficielle et rendu de plus en plus aléatoires les cultures de légumes très exigeantes en eau: plus sobre, la vigne est apparue comme une panacée à l'heure où les perspectives économiques lui étaient largement ouvertes. Outre les répercussions techniques et sociales déjà signalées, l'introduction massive des sultanines entraîne deux conséquences:

—la détérioration du régime alimentaire. Tous les Pobeïens signalent qu'ils mangeaient avant plus de fruits et de légumes: aujourd'hui la plupart des familles doivent acheter fruits et légumes, ce qui équivaut dans une économie, où l'argent circule mal et où les circuits de distribution ruraux sont encore réduits, à une diminution certaine de la consommation.

—d'autre part, le développement aussi rapide d'une culture dont la fin unique est la commercialisation pose au premier chef le problème de l'évolution des revenus agricoles. Finalement, il faut savoir si l'évolution actuelle donne raison aux producteurs, autrement dit si le calcul implicite de plus grande rentabilité se trouve justifié. C'est aussi par un biais aborder la question de l'enrichissement ou de l'appauvrissement actuel du village.

3. L'évolution des revenus agricoles

Résoudre le problème ne laisse pas d'être difficile, car il faut trouver des éléments comparables pour une période assez longue. Les cultivateurs de Pobia n'ont évidemment que des notions extrêmement vagues de rentabilité de leur exploitation. Sur 200 familles visitées, nous n'avons trouvé que 3 exploitants qui tenaient des comptes d'exploitation. Il s'agit naturellement de propriétaires assez aisés, qui ne peuvent en aucun cas donner une image fidèle du village. Mais leurs comptes consignés dans des cahiers fournissent néanmoins un document valable pour l'étude des revenus agricoles. Les trois exploitations présentent des caractéristiques très différentes: il s'agit d'abord de C... ayant exercé une profession libérale; aujourd'hui en retraite, il n'a jamais pris une part active à l'exploitation, mais a presque toujours exploité son domaine en faire-valoir direct avec l'aide d'ouvriers agricoles temporaires dirigés par un régisseur. Le second exploitant, T..., est un commerçant du village qui se hausse au niveau des grands propriétaires grâce à ses revenus complémentaires; il possède une exploitation relativement peu importante: 47 stremmata, mais dont 21 sont plantés en sultanines. Tout en louant les services d'ouvriers payés à la tâche, il ne dédaigne pas mettre la clef sous la porte et descendre à la plaine sulfater ses vignes. Le troisième, P..., fait partie des «grands» propriétaires du village, exploitant avec sa famille et quelques ouvriers au moment des gros travaux une centaine de stremmata dont une trentaine de sultanines. Avant de présenter synthétiquement des comptes d'exploitations qui perdent un peu de leur signification, nous préférons donner une idée de la rentabilité des grands produits de l'économie du village.

a) Les céréales Nous possédons deux comptes pour l'année agricole 1963-64, sans point de repère valable dans le passé. Encore faut-il se contenter de renseignements très vagues: les céréales sont un domaine marginal qui ne retient guère l'attention des plus consciencieux de nos exploitants.

«Grand» propriétaire		Commerçant	
Sorties		*Sorties*	
Bœufs (labour)	500 dr.	Labour (tracteur)	1 000 dr.
Semailles et engrais	500 »	Récolte.................	1 500
Semences	700 »	(les engrais sont mis pour les oliviers)	
	1 700 dr.		2 500 dr.
Entrées		*Entrées*	
1500 kg à 2 dr.	3 000 dr.	1000 kg de blé à 3 dr...	3 000 dr.
		500 kg d'orge à 2 dr...	1 000 dr.
			4 000 dr.

Ainsi, les céréales conservent un revenu appréciable, rapportant théoriquement 60 à 70% de bénéfice brut. Le rapport brut à l'hectare peut être apprécié à environ 1 500 drachmes par an. Mais il s'agit là d'un calcul tout à fait théorique car dans les deux cas les céréales ne sortent pas du cycle de l'autoconsommation.

b) Les oliviers Les comptes sont ici plus précis et permettent une approche plus exacte de la réalité.

Comptes de 1963 (année de production)			
«*Grand*» *propriétaire* (280 oliviers environ)			
Sorties		*Entrées*	
Labours avec bœufs (2 fois)	4 000 dr.	3 000 kg d'huile à 18 dr. le kg.	54 000 dr.
Engrais (1 500 kg)......	5 000 dr.	dont 1 500 kg ont été vendus	
Récolte (3 femmes) 230 salaires journaliers à raison de 2 kg d'huile par jour...............	8 300 dr.	460 kg ont payé la récolte	
Paiement de la presse à huile (1/12e de la récolte)	4 500 dr.	250 kg la presse à huile	
		800 kg environ gardés pour la consommation domestique.	
	21 800 dr.		54 000 dr.

Si l'on considère qu'il faut faire des labours l'année où la production est quasi nulle, le revenu brut global est d'environ 28 000 drachmes à répartir sur deux ans. On voit alors que pour les oliviers, le bénéfice brut du «grand» propriétaire s'établit à plus de 100% et qu'à raison de 60 oliviers par hectare en moyenne, le revenu brut annuel de l'hectare d'oliviers dépasse 3 000 drachmes.

Comptes du commerçant (2 hectares d'oliviers)			
Sorties		*Entrées*	
Labour au tracteur...... 20 stremmata à 40 dr. ... (un seul labour)	800 dr.	1 800 kg d'huile	32 400 dr.
		dont 1400 kg ont été gardés pour l'épicerie et la consommation personnelle	
Engrais	1 000 dr.		
Récolte 230 kg d'huile ...	4 140 dr.	230 kg. pour la récolte	
Presse	2 700 dr.	150 kg. pour la presse	
	8 640 dr.		32 400 dr.

Compte tenu des différentes variables introduites précédemment le revenu annuel à l'hectare apparaît ici supérieur, de l'ordre de 5 000 drachmes environ.

Comptes du retraité (400 oliviers environ)			
Sorties		*Entrées*	
Labour (tracteur dans la plaine)	1 000 dr.	2 600 kg d'huile	46 800 dr.
Bœufs sur le versant	500 dr.		
Engrais	1 400 dr.	dont 1 300 kg ont été vendus	
Récolte (3 femmes) 219 journées de travail à 2 kg d'huile	8 100 dr.	438 kg consacrés à la récolte	
Presse	4 500 dr.		
52 journées de portage (il s'agit en fait de l'ouvrier agricole permanent payé 1 000 dr. le mois)	2 000 dr.	600 kg environ gardés pour l'autoconsommation	
	17 500 dr.		46 800 dr.

Le revenu brut annuel à l'hectare peut s'évaluer ici approximativement entre 2 et 3 000 drachmes.

c) Les jardins Nous possédons ici pour seul point de repère les comptes du commerçant pour un jardin de 0.3 hectare.

Sorties		*Entrées*	
Semences	370 dr.	400 kg de courgettes à 7 dr. (dont 200 kg vendus)	2 100 dr.
Labour	200 »		
Bêchage des pommes de terre	60 »	1000 kg de pommes de terre (consommation personnelle)	2 000 »
Réparations de machines..	200 »	100 kg de concombres ... (dont 60 kg vendus)	1 000 »
Bêchage pois chiches	150 »	75 kg de pois chiches à 10 dr. (consommation personnelle)	750 »
Essence	116 »		
	1 096 dr.		5 850 dr.
manquent les engrais		manquent des renseignements pour 300 kg de cédrats.	

Même en admettant une forte consommation d'engrais (de l'ordre de 500 kg par an pour le jardin), on peut évaluer le revenu brut à plus de 10 000 drachmes par hectare.

d) Les vignes Nous possédons ici les comptes les mieux tenus et—argument appréciable pour notre démonstration—un point de repère dans le passé.

Comptes du retraité (1963) (0.8 hectare de sultanines)		
Sorties		*Entrées*
Engrais 100 kg	1 450 dr.	2 200 kg de raisins secs vendus à raison de 7.20 dr. le kg pour 800 kg et 6.70 pour 1 400 kg soit .... 15 140 dr.
Transport de l'engrais ..	100 »	
Épandage de l'engrais ...	210 »	
Taille et émondage......	2 200 »	
Désherbage par 2 femmes	70 »	
Bêchage manuel pour une vigne	400 »	
Bêchage mécanique.....	1 800 »	
Sulfate	200 »	
2 sulfatages	500 »	
Soufre	250 »	
2 soufrages	350 »	
30 kg de potasse (pour le séchage)...............	250 »	
20 kg de papier neuf ...	200 »	
Récolte 4 femmes pendant 15 jours	2 400 »	
2 hommes pendant 8 jours	850 »	
20 sacs neufs	200 »	
	11 430 dr.	15 140 dr.

Le revenu brut annuel de l'hectare de sultanines d'après ce type d'exploitation pourrait être évalué à environ 5 000 drachmes.

Comptes du «grand» propriétaire (2.5 hectares de sultanines)		
Sorties		*Entrées*
Engrais	10 500 dr.	9 200 kg de raisins secs dont 9 000 kg vendus à 7.20 dr. le kg .... 65 000 dr.
Taille et émondage......	4 500 »	
2 bêchages mécaniques (essence, ouvrier, réparations)	15 000 »	
6 sulfatages (sulfate et travail)	2 000 »	
Soufrage	1 000 »	
Irrigation	3 000 »	
Préparation de l'aire de séchage	900 »	
Potasse	900 »	
Papier	500 »	
Amortissement des paniers de zinc	300 »	
Récolte (10 femmes, 3 hommes, 4 enfants pendant 15 jours)	8 500 »	
	47 100 dr.	65 000 dr.

Dans cette exploitation, où les frais généraux sont moins élevés, l'hectare de sultanines rapporte annuellement en production moyenne environ 7 000 drachmes.

En dernière analyse, nous pouvons comparer les revenus des vignes (sultanines et vignes à vin) du commerçant à deux dates différentes: 1950 et 1963. Entre les deux périodes, notre exploitant a accru ses superficies en sultanines (en 1950, il possèdait 1 hectare de sultanines et 0.7 hectare de vignes à vin, en 1963, 2 hectares de sultanines et toujours 0.7 hectare de vignes à vin); il a aussi modifié son mode de culture: en 1950, il faisait bêcher ses vignes, aujourd'hui il a acquis un motoculteur qu'il conduit lui-même.

Revenus des vignes de l'épicier

en 1950		en 1963	
Sorties		*Sorties*	
Engrais	1 000 dr.	Engrais	9 700 dr.
Taille, émondage	560 »	Taille, émondage	2 800 »
2 bêchages manuels	1 660 »	2 bêchages mécaniques ... (essence et réparation)	1 000 »
Repas des ouvriers (bêchage, taille).........	300	Traitements anticryptogamiques	300 »
Soufrage	480 »		
Récolte	800 »	Récolte, séchage	3 700 »
	4 800 dr.		17 500 dr.
Entrées		*Entrées*	
2 800 ocques[1] de raisins secs à 4.5 dr.	12 600 dr.	8 000 kg de raisins secs à 7 dr.	56 000 dr.
600 ocques de vin à 5 dr.	3 000 »	600 ocques de vin (autocons. et vendues à l'épicerie)	4 000
50 ocques de raki à 8 dr.	400 »		
	16 000 dr.		60 000 dr.

Finalement, en 1950, le revenu annuel de l'hectare de vigne s'établissait nominalement pour notre commerçant à 6 500 drachmes soit en valeur d'achat à près de 12 000 drachmes actuelles. Aujourd'hui, nous aboutissons à des revenus *nominaux* sensiblement équivalents. En fait, il convient de ne pas oublier deux facteurs: nous avons dû regrouper vignes à vin et sultanines dont la rentabilité est très différente, et entre les deux dates, les sultanines ont doublé de superficie dans l'exploitation envisagée; par ailleurs, l'exploitant n'a pas tenu compte de l'amortissement du motoculteur. Toutes choses égales, il n'est pas douteux que les *revenus réels* de la vigne aient baissé dans la décade écoulée, bien que l'exploitant ait supprimé la dépense la plus lourde: les ouvriers payés pour le bêchage.

Nous donnons en annexe p. 137 un essai de reconstitution du budget général des trois exploitations: le point de vue synthétique permet de compléter cette analyse de la rentabilité des

(1) Une ocque=1 kg. 285.

grands produits de l'économie du village. Trois conclusions peuvent être présentées.

a) La rentabilité à l'hectare augmente des céréales aux cultures de jardin en passant par les oliviers et les sultanines. Dans la mesure où les jardins ne jouent plus qu'un rôle tout à fait marginal, les sultanines sont la source de profit la plus stable et la plus importante de l'exploitation. Mais cette constatation doit être assortie d'une nuance de taille: les sultanines réclament aussi le plus fort investissement à l'hectare, elles ne sont rentables que par la concentration des revenus sur de très petites surfaces. Finalement, 3 hectares de sultanines rapportent autant que 20 hectares de céréales, mais exigent 10 fois plus d'investissements chaque année. En dehors même de toute préoccupation de marché, la sultanine valorise la terre dans un régime de petite propriété, mais elle exige des efforts continus d'investissements, qui sont nettement au-dessus des petits exploitants. La Banque Agricole a beau fournir des prêts de campagne en nature (engrais, insecticides) remboursables sur la récolte, on ne prête qu'aux riches: la valorisation due aux sultanines a surtout profité aux exploitants qui disposaient déjà des plus gros revenus. Dans une large mesure, c'est l'olivier qui a supporté l'extension des sultanines.

b) Assez paradoxalement, pour un pays en voie de développement, c'est la charge salariale qui paraît grêver le plus lourdement les revenus des plus aisés: les rapports décroissent du commerçant qui fait beaucoup de travail lui-même, au «grand» propriétaire, qui est obligé, l'âge venant, d'utiliser de nombreux aides salariés, jusqu'au retraité qui est un rentier de la terre, employant en permanence un ouvrier agricole. Les salaires étant tout de même très bas à Pobia, c'est la productivité du travailleur qui est ici en cause: le morcellement de l'exploitation, qui oblige les ouvriers à faire de longs déplacements entre les parcelles, le manque de qualification de la main-d'œuvre (devant la raréfaction des ouvriers temporaires, on emploie de plus en plus des enfants que l'on paie moins, mais dont la productivité est dérisoire) expliquent assez le fait. Bref, au moment où la terre rapporte de plus en plus, la rente foncière a tendance à diminuer.

c) La situation des exploitants les plus favorisés paraît se dégrader. Nul doute qu'il ne s'agisse de la répercussion à l'échelle locale de la fameuse évolution en branches de ciseaux des prix agricoles et industriels. En prenant 1950 pour base 100, les raisins secs et l'huile d'olive atteignent l'indice 200 en 1962, mais le fuel de plus en plus utilisé, l'indice 250. Ceux qui, comme notre commerçant, ont les moyens d'investir dans les sultanines et l'intelligence de réduire leurs besoins de main-d'œuvre semblent condamnés à accroître chaque année leurs vignes sous peine de voir le volume de leurs revenus diminuer. Mais combien de temps pourra-t-on étendre la peau de chagrin?

* * *

De cette évolution économique que retenir? Deux faits principaux:

1e) L'histoire a bloqué longtemps les structures: en sont responsables les Vénitiens et les Turcs autant que l'impuissance du paysannat grec au XIXe siècle à promouvoir de profonds changements techniques. Mais elle a aussi préparé la révolution actuelle par une longue tradition d'adaptation au marché et de spéculation foncière.

2e) L'introduction des sultanines a brutalement rompu avec le passé. Elle a révélé des possibilités de rapport à l'hectare jusque là inégalées. Elle a fait naître aussi des besoins techniques nouveaux: engrais, mécanisation sont entrés dans l'économie du village. Mais la révolution a été sélective: parce que les sultanines réclament des investissements importants, la plupart des petits exploitants sont restés à la porte, se contentant d'une révolution en miniature: quelques stremmata de vignes. Les différences sociales se sont accrues. Mais les riches n'ont pas gagné toute la partie: il leur faut payer de plus en plus cher une main d'œuvre qui se réduit, la structure agraire diminue leurs revenus et ils sont eux-mêmes victimes du divorce entre l'économie agricole et l'économie industrielle. Pobia a moins fait l'apprentissage de l'abondance qu'il n'a reconnu l'existence des riches et des pauvres.

CHAPITRE IV

L'ÉVOLUTION DÉMOGRAPHIQHE

Dans ce monde en rupture d'équilibre, que constituent l'économie et la société de Pobia, il convient de faire entrer un dernier élément d'explication —et non le moindre— les hommes. Pas plus que les faits économiques, la réalité démographique n'apparaît figée. Comme eux, elle poursuit un rythme séculaire, qui brusquement s'accélère dans les dernières années, au moment justement où les équilibres anciens sont remis en cause. Qu'on y prenne garde! Dans toutes ces régions en crise de la Vieille Grèce, le facteur démographique est en train de prendre la première place dans le couple économie-démographie. Pendant longtemps, la démographie a suivi l'économie: les hommes abandonnaient la montagne pour s'installer dans les villages de plaine en cours de valorisation, ils émigraient à l'étranger pour pallier le manque de ressources locales; aujourd'hui les choses changent, le mouvement naturel se ralentit, l'émigration se transforme en exode rural souvent massif. C'est au tour de l'évolution démographique d'influer sur les modes économiques, c'est elle surtout qui obère, et peut-être de façon irréversible, les possibilités d' avenir. Bref, autant qu'un essai de démographie historique, qu'on veuille bien voir dans les lignes qui vont suivre l'examen de ce qui est certainement la clef de voûte du développement en Messara.

I. L'ÉVOLUTION GÉNÉRALE

1e) Évolution d'ensemble Nous disposons pour la Crète de la série complète des Recensements généraux: 1920, 1928, 1940, 1950, 1961. En outre, nous avons pu retrouver les résultats assez détaillés(1) d'un Recensement, entrepris en 1881, sous l'occupation turque. Nous avons ainsi une période de quelque quatre-vingts ans, qui permet une ap-

(1) Σταυράκης, Στατιστική τοῦ πληθυσμοῦ τῆς Κρήτης. 1890.

proche valable du problème. Sur le graphique 11, ont été reportées les courbes d'évolution de plusieurs communes de Messara, que nous avons déjà présentées comme caractéristiques.

Plusieurs faits se dégagent aisément:

a) La progression de toutes les communes depuis la fin de l'occupation turque. Sans que l'on puisse dater précisément le mouvement , les courbes apparaissent particulièrement redressées entre 1880 et 1920(1). Il ne semble par pour autant qu'il faille mettre en doute la véracité du Recensement turc: la dernière moitié du XIXe siècle a été pour la Crète une période très troublée: chaque révolte grecque réprimée entraînait une régression démographique importante; la simple stabilité politique —relative d'ailleurs— suffit, en l'absence même de toute amélioration sanitaire ou de progression de la natalité, à expliquer le fait.

b) Le classement très différent des communes en 1881 et en 1961. Si nous retrouvons les trois importantes communes de Timbaki, Pobia et Gergéri dans le même ordre à 80 ans d'intervalle, le plus remarquable est l'étonnante progression de Mirès, qui passe de moins de 200 habitants à plus de 2 000. Fait tout aussi digne d'intérêt, certaines communes qui pouvaient passer pour de gros villages en 1881 sont maintenant des villages de peu d'importance: Miamou, Pigaïdakia.

c) En fait, ces disparités doivent être expliquées par l'inégalité du développement démographique.

—Les deux dernières décennies sont marquées par la divergence très nette entre deux groupes de communes, qui connaissaient jusque là des destins démographiques uniformes. La plupart des communes montrent un fléchissement marqué depuis 1951, Miamou précédant même nettement le lot en 1941. Il semble que la date même du renversement de tendance interdise d'y voir la conséquence de faits extérieurs (occupation, guerre civile). Il faut plutôt remarquer que toutes les communes de montagne sont touchées par le mouvement: Pigaïdakia, Miamou, Gergéri. C'est la conséquence de l'évolution économique générale. Mais on voit le retard du fait démographique: à la fin de l'époque turque, les villages de montagne avaient une certaine

(1) Une seule commune —mais la plus importante— Timbaki perd de la population entre 1881 et 1920, mais double d'importance entre 1920 et 1928: en l'absence d'enquête, on peut attribuer le phénomène soit à une erreur statistique, soit à des mouvements de population, qui n'auraient rien d'étonnant dans la région: perte d'habitants au profit de villages en voie de peuplement après l'indépendance (par exemple, Galia, village turc en 1881 avec 54 musulmans enregistrés pour 11 chrétiens, compte plus de 350 habitants quarante ans plus tard), et fixation plus ou moins autoritaire de réfugiés d'Asie Mineure après la «Grande Catastrophe».

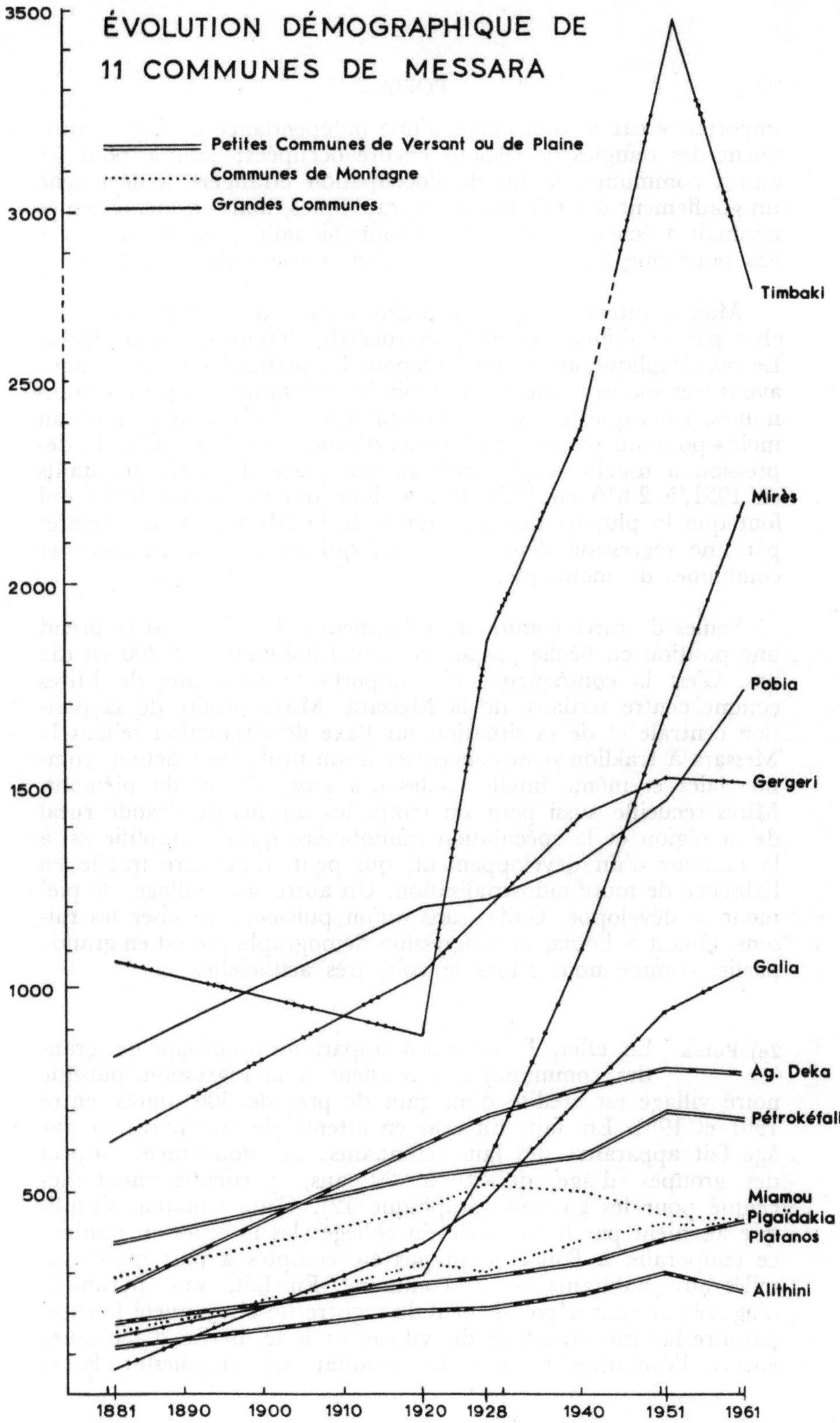
ÉVOLUTION DÉMOGRAPHIQUE DE
11 COMMUNES DE MESSARA
Petites Communes de Versant ou de Plaine
Communes de Montagne
Grandes Communes
3500
3000
2500
2000
1500
1000
500
Timbaki
Mirès
Pobia
Gergeri
Galia
Ag. Deka
Pétrokéfali
Miamou
Pigaïdakia
Platanos
Alithini
1881
1890
1900
1910
1920
1928
1940
1951
1961

Figure No 11

importance car ils jouissaient d'une indépendance de fait et abritaient des réfugiés de régions encore occupées; comme pour les autres communes, la fin de l'occupation étrangère a déclenché un gonflement des effectifs démographiques, mais en même temps périmait à échéance le site: il a toutefois fallu près de cinquante ans pour que les nouvelles conditions passent dans les faits.

Mais d'autres villages, en plaine ou sur le versant, sont touchés par le reflux: Alithini, Pétrokéfali, Timbaki, Aghi Deka. Le cas s'explique assez aisément pour les petites communes: nous avons très souvent constaté la moindre résistance des petites communes, alors que les grandes communes tendent à fixer tout au moins pour un temps les éléments d'exode rural. En fait, la dépression a touché aussi Timbaki, qui passe de 3 477 habitants en 1951, à 2 816 en 1961. Il y a donc des raisons générales qui font que la plupart des communes de la Messara sont atteintes par une régression démographique, qui est plus nette pour les communes de montagne.

Seules de rares communes échappent à la règle. Mirès prend une position en flèche passant de 1 650 habitants à 2 200 en dix ans. C'est la conséquence de l'importance croissante de Mirès comme centre tertiaire de la Messara. Mirès profite de sa position centrale et de sa situation sur l'axe de circulation reliant la Messara à Iraklion pour concentrer à son profit les fonctions commerciales et même intellectuelles des gros villages du piémont. Mirès recueille aussi pour un temps les surplus de l'exode rural de la région et la spéculation immobilière qui s'y amplifie est à la hauteur d'un développement, qui peut apparaître fragile en l'absence de toute industrialisation. Un autre gros village de piémont se développe, Galia, sans qu'on puisse en préciser les raisons. Quant à Pobia, sa progression démographique est en grande partie, comme nous allons le voir, très artificielle.

2e) Pobia En effet, Pobia paraît appartenir au groupe des grandes communes qui résistent à la régression, puisque notre village est crédité d'un gain de près de 300 unités entre 1951 et 1961. En fait, un examen attentif de la répartition par âge fait apparaître des faits étonnants: un gonflement suspect des groupes d'âge de 10 à 20 ans, particulièrement accentué pour les garçons (graphique 12). Cette situation s'explique aisément par la présence du collège: les internes en résidence temporaire à Pobia n'ont pas été comptés à part mais assimilés aux habitants de la commune. En fait, une pyramide d'âge réalisée par dépouillement du registre de citoyenneté fait apparaître la vraie structure du village et a le mérite d'accentuer encore l'évolution récente. Le résultat est manifeste: Pobia

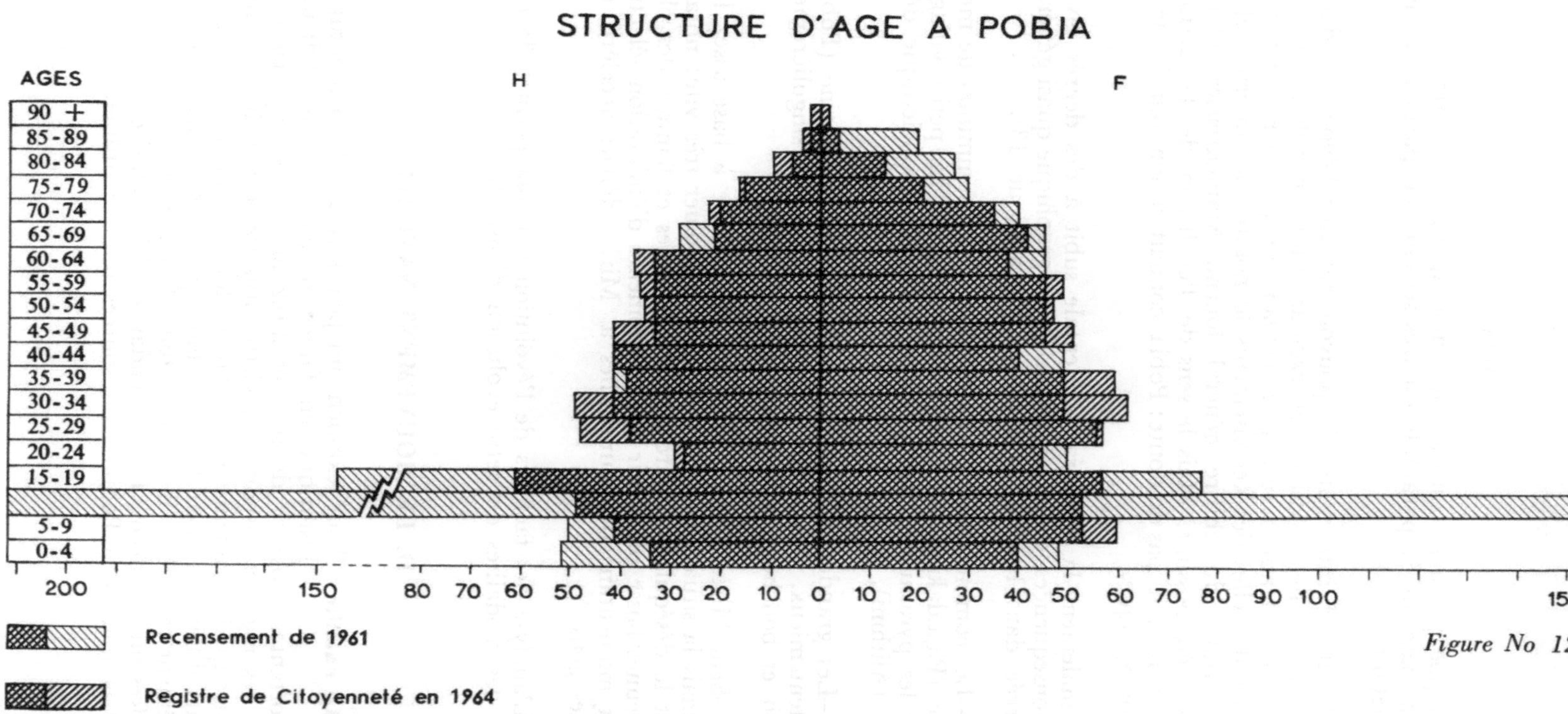
STRUCTURE D'AGE A POBIA
AGES
H
F
90 +
85-89
80-84
75-79
70-74
65-69
60-64
55-59
50-54
45-49
40-44
35-39
30-34
25-29
20-24
15-19
5-9
0-4
200
150
80 70 60 50 40 30 20 10 0 10 20 30 40 50 60 70 80 90 100
150
Recensement de 1961
Registre de Citoyenneté en 1964

Figure No 12

n'échappe pas à la contraction démographique. Le rétrécissement de la base de la pyramide est très sensible et particulièrement inquiétant.

Il eût été intéressant de pouvoir retracer l'évolution démographique réelle du village, en excluant l'influence de la présence du collège. Il aurait suffi pour ce faire de posséder à des dates voisines de celles des Recensements le nombre des internes et de le soustraire du chiffre général fourni. Malheureusement cela n'a pas été possible. Mais le sens de l'évolution de la dernière décade ne fait pas de doute: Pobia connaît à son tour le déclin démographique.

Finalement, la Messara occidentale subit à des degrés divers les conséquences d'une régression démographique quasi générale amorcée dans les années 1950 (voir graphique 13).

—Les communes les plus atteintes sont les communes de montagne (Pigaïdakia) et de façon plus générale les petits villages, dont les pyramides d'âge prennent une allure squelettique dérisoire (Alithini).

—Les grandes communes de piémont ou de plaine (Pobia) résistent mieux, mais voient leur potentiel humain singulièrement réduit et bouchées leurs perspectives d'avenir.

—Seul Mirès présente une pyramide d'âge à base assez large, mais la situation là encore pourrait évoluer très vite: notamment le déséquilibre marqué entre hommes et femmes des classes jeunes laisse pressentir des phénomènes d'émigration sélectifs: arrêt momentané des jeunes filles à Mirès, départ accéléré des jeunes gens.

L'analyse des facteurs de l'évolution à Pobia permet de préciser les modalités de cette évolution d'ensemble.

II. LE MOUVEMENT NATUREL

1e) La natalité Tout examen un peu sérieux de démographie historique en Grèce se heurte à des difficultés importantes: absence de sources assez anciennes, mauvaise tenue des registres disponibles. Cette situation exige du chercheur beaucoup de prudence et l'invite surtout à employer des documents différents, dont le témoignage parallèle devient plus malaisément récusable: il s'agit de toute façon moins de trouver des chiffres que de découvrir des tendances. C'est ainsi que pour étudier la natalité à Pobia, trois sources ont été utilisées:

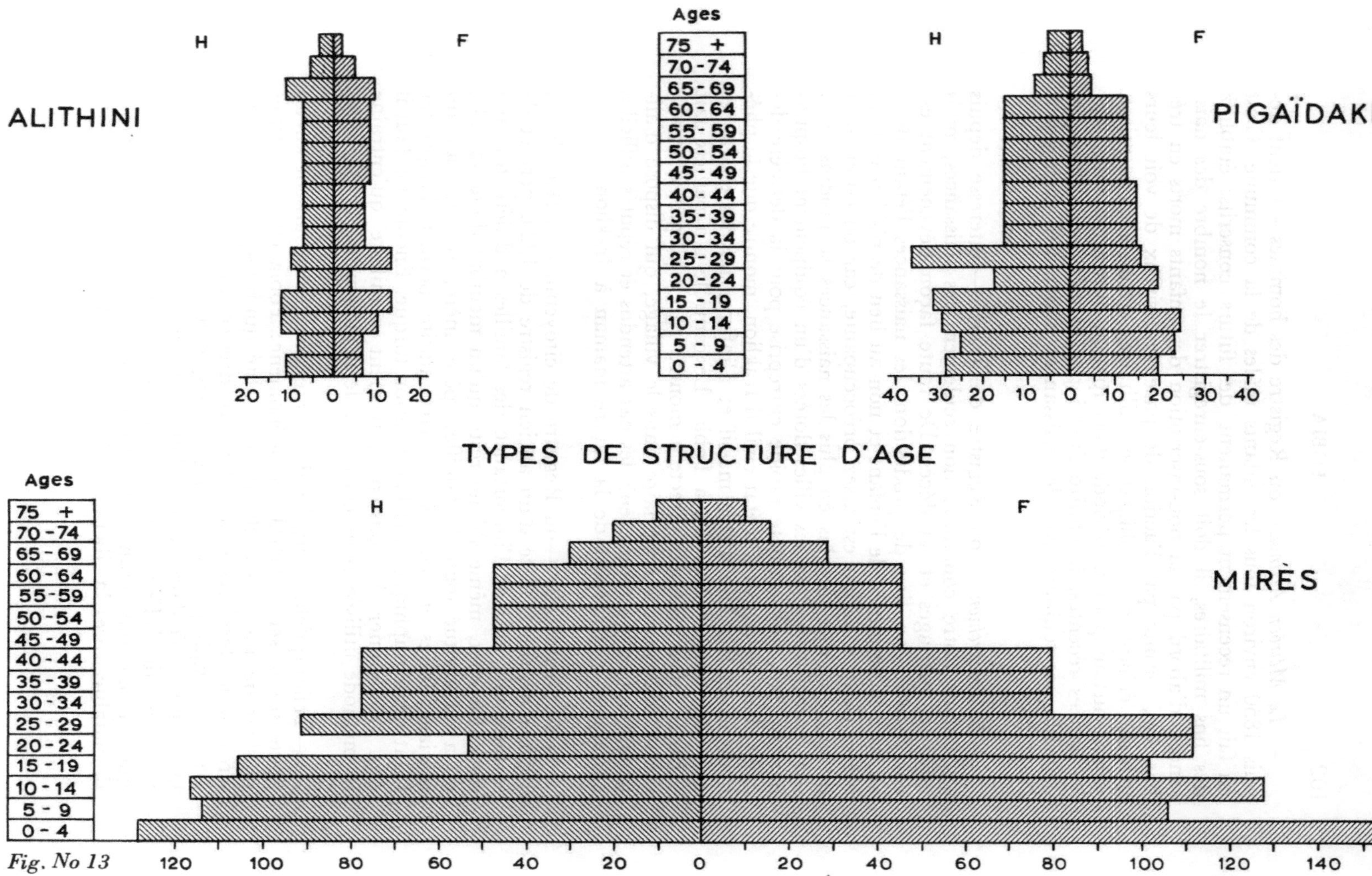
ALITHINI
H
F
Ages
75 +
70-74
65-69
60-64
55-59
50-54
45-49
40-44
35-39
30-34
25-29
20-24
15-19
10-14
5-9
0-4
20 10 0 10 20
PIGAÏDAKIA
H
F
40 30 20 10 0 10 20 30 40
TYPES DE STRUCTURE D'AGE
MIRÈS
H
F
Ages
75 +
70-74
65-69
60-64
55-59
50-54
45-49
40-44
35-39
30-34
25-29
20-24
15-19
10-14
5-9
0-4
120 100 80 60 40 20 0 20 40 60 80 100 120 140

Fig. No 13

— *Le Métroon Arrinon* — ou Registre des hommes — retient depuis 1850 environ tous les enfants mâles de la commune. C'est en fait un recensement permanent des futurs conscrits: établi à des fins militaires, il doit sous-enregistrer le nombre des naissances, d'abord par la non-inscription des enfants morts en très bas âge, ensuite par l'action de parents désireux de voir leurs garçons échapper à l'obligation militaire, cette dernière raison valant surtout pour la période d'occupation turque. Même pour les années récentes, le chiffre fourni par le métroon arrinon ne coïncide pas toujours avec les naissances masculines déclarées à l'état civil.

—*Le Lixiarchion* — ou Registre d'état civil — intéresse depuis 1929 dans notre commune non seulement les naissances, mais aussi les mariages et les décès. De toute façon, l'évènement est enregistré à son lieu de production, les naissances l'étant donc au lieu de naissance de l'enfant et non au lieu de résidence de la mère. Cette situation est assez préoccupante, car on est en droit de supposer que de plus en plus les naissances se produisent et sont enregistrées dans les villes dotées d'un équipement hospitalier. En fait, une enquête rapide entreprise pour la dernière décade dans les registres d'état civil d'Iraklion, montre que le phénomène est très loin d'être massif et n'infirme pas les tendances que nous avions observées à Pobia. Le contrôle n'a pas été fait à Mirès, mais l'enquête directe a montré que la plupart des naissances continuaient à se faire dans le village, qui dispose d'ailleurs d'une sage-femme; seuls les cas attendus et réputés difficiles entraînent le transport de la future maman à Iraklion.

—*Le Dimotologion* —ou Registre de citoyenneté—, refondu en 1955, mais sur la base d'un ancien registre de 1929, permet de se faire une idée de l'importance des familles à différentes époques. En effet, même s'il ne reste qu'un membre d'une famille, on a reconstitué toute la famille: père, mère, avec la date du mariage, frères et sœurs. Cette particularité permet d'apprécier l'état démographique sous l'occupation turque. Encore ne faut-il pas sous-estimer le sous-enregistrement manifeste qu'entraîne la méthode utilisée pour constituer le document.

—Telles qu'elles sont, les différentes sources ne laissent aucun doute sur le sens général du phénomène: Pobia connaît depuis plusieurs décades un lent déclin de natalité, qui brusquement s'accélère dans les dernières années. La série dressée à partir du métroon arrinon (graphique 14) est la plus longue et permet de discerner la tendance séculaire: augmentation de la natalité dans le dernier quart du XIXe siècle, avec l'espacement des révoltes grecques et une plus grande sécurité en Messara, brusque flambée de natalité après la libération de la Crète dans la décade 1910-

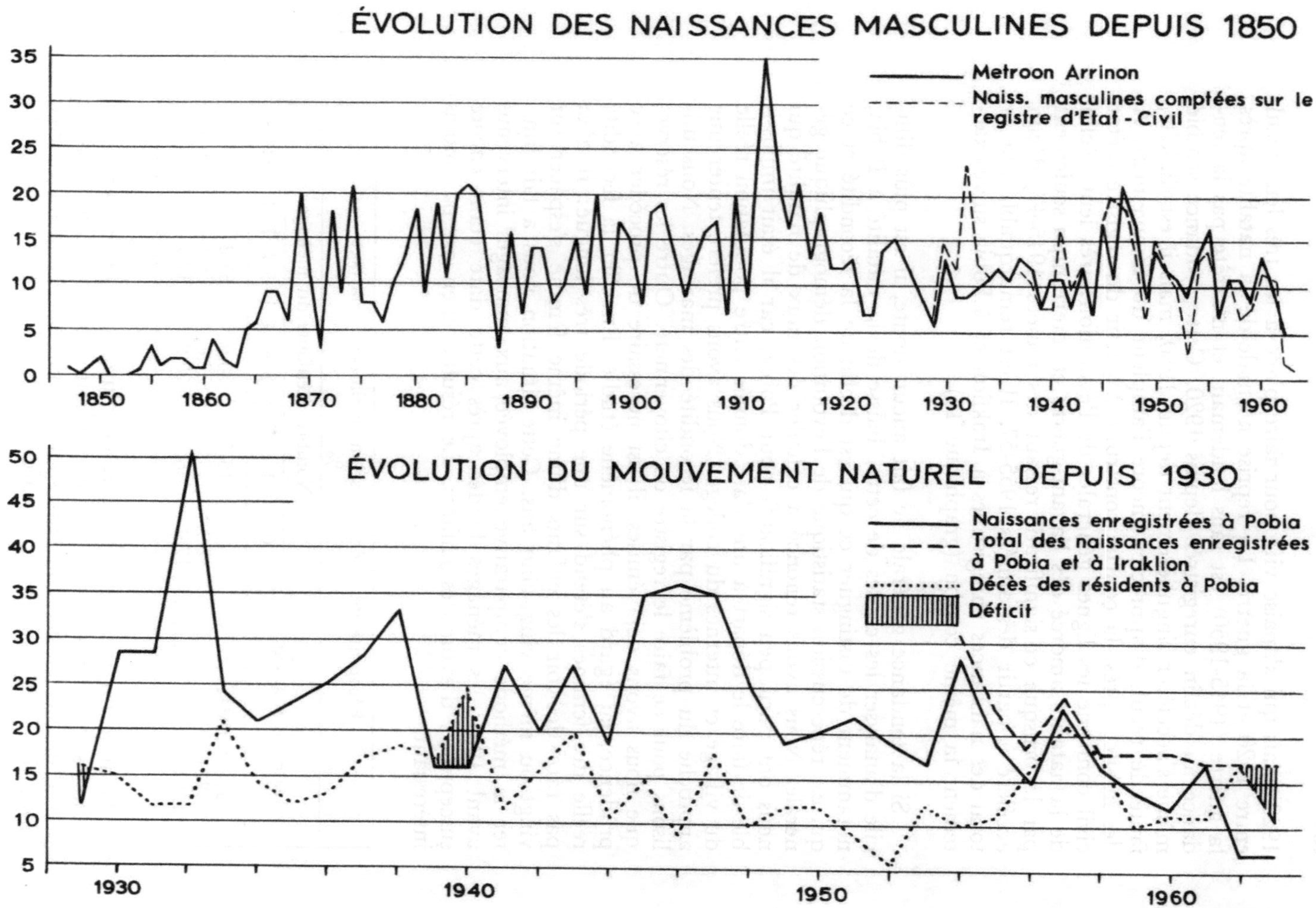
ÉVOLUTION DES NAISSANCES MASCULINES DEPUIS 1850
Metroon Arrinon
Naiss. masculines comptées sur le registre d'Etat - Civil
ÉVOLUTION DU MOUVEMENT NATUREL DEPUIS 1930
Naissances enregistrées à Pobia
Total des naissances enregistrées à Pobia et à Iraklion
Décès des résidents à Pobia
Déficit

Figure No 14

1920, mais qui s'apaise vite pour faire place à un très lent recul entre 1920 et la guerre. La reprise normale de la natalité après la guerre (1945-1950) est sans lendemain et n'arrête pas la tendance au déclin enregistrée depuis 1920. Cette tendance semble même s'accélérer singulièrement depuis 1960, mais il est difficile, faute de recul, d'apprécier encore l'ampleur du mouvement. A des nuances près, la courbe construite à partir du registre d'état civil confirme les lignes générales de l'évolution: très lent déclin de la natalité amorcé dès l'avant-guerre et interrompu seulement par le brusque et significatif ressaut des années 1945-47, déclin accéléré à partir des années 1955-57. Il est remarquable que le total des naissances enregistrées à Iraklion et à Pobia suive exactement la même courbe (graphique 14).

Si la tendance générale ne fait aucun doute, il est plus difficile d'analyser les causes de cette baisse de la natalité à Pobia, notamment de distinguer ce qui est déclin de la fécondité et ce qui est répercussion statistique de l'évolution démographique générale. Nous avons renoncé à calculer des taux de natalité qui nous ont paru peu significatifs pour Pobia, car il était impossible de faire le départ à une date donnée entre population réelle du village et internes du collège. Nous avons préféré tenter une approche du problème par la fécondité des mariages. Nous utilisons pour ce faire le registre de citoyenneté. Outre les réserves que nous avons déjà émises, il est nécessaire de procéder avec prudence, eu égard au phénomène étudié. En effet, la fécondité réelle des femmes s'étend sur une période très longue: il n'est pas rare de voir les enfants d'une même femme s'espacer sur vingt ou même vingt-cinq ans. Cette situation nous a fait limiter la méthode comparative employée, aux mariages intervenus avant 1944, les ménages fondés après cette date étant encore susceptibles d'avoir des enfants. Le résultat n'en est pas moins intéressant.

Fécondité des ménages selon la date du mariage
%

Date du mariage	Nombre d'enfants du ménage				
	0	1 et 2	3 et 4	5 à 7	8 et +
avant 1884	—	15.7	20.9	57.8	5.2
1884-1913	2.9	25.8	32.8	36.4	2.9
1914-1943	17.0	36.1	28.8	17.7	0.8

Comme on peut le constater, l'évolution de la fécondité des ménages est caractérisée par une diminution constante depuis près d'un siècle. Elle ne correspond donc pas exactement avec l'évolution des naissances. Notamment les dernières décades du

XIXe siècle et les premières du XXe qui correspondent à une période de fort accroissement démographique (voir graphique 11), et à une augmentation du nombre des naissances à Pobia, semblent déjà connaître une baisse de la fécondité. Cette contradiction s'explique aisément par la disparition progressive de la surmortalité due aux révoltes et par l'existence de phénomènes migratoires importants: les villages de la Messara ont reçu à cette époque de nombreux immigrants des régions montagneuses (Sfakia, par exemple) ou encore occupées par les Turcs. Il s'agissait en général de personnes jeunes, en âge d'avoir des enfants: les taux de fécondité même légèrement réduits s'appliquaient sur une population plus nombreuse et plus jeune, finalement les taux de natalité devaient s'en trouver augmentés.

Par contre, le lent déclin de la natalité qui s'amorce dans les années 1920 semble, lui, une conséquence directe de la baisse accélérée de la fécondité. Les grands mouvements migratoires sont achevés, la structure d'âge vieillit, mais surtout on passe d'une époque où les ménages avaient en moyenne 5 à 6 enfants à une époque où la moyenne tombe à 2 ou 3 enfants et où près du cinquième des ménages n'ont pas d'enfants.

Nous avons essayé d'utiliser les mêmes critères comparatifs pour la période d'après-guerre. Toutefois, pour les raisons exposées plus haut, il fallait modifier le critère employé; nous avons choisi de comparer à différentes époques la fécondité des ménages dans les cinq premières années suivant le mariage. Les résultats sont donnés dans le tableau ci-après.

Fécondité dans les 5 premières années du mariage
%

Date du mariage	Nombre d'enfants				
	0	1	2	3	4
1899-1903	13.3	26.6	40.0	20.0	—
1929-1933	18.3	30.6	38.7	10.2	2.0
1944-1948	9.5	45.2	28.5	14.2	2.3
1949-1953	16.9	39.6	37.7	5.6	—
1954-1958	11.1	31.1	46.6	11.1	—

Plusieurs faits méritent un commentaire

—Avec le critère choisi ici, la baisse de la fécondité est beaucoup moins sensible. Par exemple, les pourcentages établis pour les mariages survenus entre 1899 et 1903 et ceux contractés entre 1929 et 1933 restent assez comparables, quand les chiffres fournis par le tableau de la p. 104 pour les périodes 1884-1913 et 1914-1943 sont très différents. Autrement dit, la chute de la fécondité que nous avons constatée provient essentiellement de la diminution de la durée de fécondité réelle(1) de la femme. Il y a cinquante ans, la nécessité de lutter contre une mortalité infantile importante amenait très souvent des naissances répétées jusqu'au terme de la fécondité biologique de la femme. Aujourd'hui, les naissances tendent à être bloquées dans les premières années du mariage. Cette attitude semble témoigner de comportements en tous points identiques à ceux des pays développés.

—Dans la dernière période étudiée (1954-1958), qui correspond déjà au déclin accéléré de la natalité à Pobia, on ne constate pas une chute parallèle de la fécondité, mais au contraire un relèvement assez sensible de la fécondité enregistrée dans les cinq premières années du mariage. Le divorce peut s'expliquer aisément par le vieillissement des structures d'âge: les jeunes couples n'ont pas moins d'enfants — et même souvent un peu plus — qu'il y a vingt ans, mais ils sont moins nombreux.

Finalement, la crise de la natalité à Pobia est loin d'être un phénomène récent. Les racines sont très profondes: à la lente décroissance de la fécondité qui est vieille de près d'un siècle et qui semble maintenant stabilisée, s'ajoute aujourd'hui — prédominant — le vieillissement de population qu'elle a contribué à faire naître. Il reste que les taux de natalité atteints actuellement sont certainement parmi les plus bas(2), ce qui ne laisse pas d'être inquiétant.

2e) La mortalité La courbe de la mortalité fait apparaître une stabilité relative du nombre des décès, qui traduit une régression de la mortalité, puisque le village connaît dans la même période un accroissement démographique (graphique 14).

Cette évolution d'ensemble, qui n'empêche pas d'ailleurs les brusques sursauts de mortalité dus certainement à des épidémies infectieuses (1957), est confirmée par les statistiques des âges moyens des décès, qui traduisent d'une manière approchée les espérances de vie à différentes époques.

---

(1) Nous employons ce terme, par antinomie avec fécondité biologique. La fécondité biologique est la période où la femme peut avoir des enfants, la fécondité réelle la période où elle les a effectivement.

(2) Nous avons calculé pour la période 1960-63 des taux de l'ordre de 10°/₀₀. Même si le nombre des naissances a été sous estimé, il ne semble pas que l'on puisse dépasser 15°/₀₀.

Ages moyens des décès(1)		
Date de décès	Hommes	Femmes
1929-1933	39 ans	55 ans
1934-1938	49	50
1939-1943	41	48
1944-1948	45	50
1949-1953	58	63
1954-1958	64	63
1959-1963	74	62

Comme on peut le constater, l'allongement de la vie est particulièrement notable pour les hommes dont l'espérance de vie dépasserait même celle des femmes. En fait, cette anomalie semble due à la répercussion statistique des disparités de la répartition par sexe à Pobia. Non seulement, comme il est normal, les vieillards sont beaucoup moins nombreux que les vieilles femmes: 107 femmes de plus de 65 ans contre 70 hommes, mais la disparité est aussi accentuée pour les classes d'âge antérieures: 181 femmes pour 134 hommes de 45 à 64 ans. Sans qu'on puisse fournir les raisons vraiment décisives de ces disparités, elles influent très sensiblement sur la mortalité du village: sur 45 décès constatés à Pobia en 1961, 1962 et 1963, 19 seulement intéressaient des hommes. Peut-être, faut-il invoquer d'ailleurs une plus grande usure des femmes: à 60 ans, une femme de Pobia, épuisée par les grossesses successives, par les travaux domestiques et certaines tâches agricoles particulièrement fatigantes (ramassage des olives notamment) est une très vieille femme, alors que les hommes du même âge ont encore très fière allure et ne sont pas prêts à passer le flambeau ni à la tête de la famille ni à la tête de l' exploitation.

En tout état de cause, les raisons majeures de l'allongement de la vie doivent être cherchées dans l'évolution des causes de mort, dont le tableau suivant donne un aperçu.

---

(1) La situation de Pobia témoigne en moyenne d'un état défavorable, comparée aux espérances de vie de l'ensemble du pays, telles qu'elles apparaissent dans la publication de l'Office National Statistique: 'Ελληνικοί πίνακες έπιβιώσεως, Athènes. 1964.

Espérance de vie à différentes époques

	Hommes	Femmes
1926-1930	44.95 ans	47.95 ans
1940	52.94	55.80
1962 (communes de moins de 10 000 hab.)	66.78	70.12

Évolution des causes de décès						
Causes de décès	1929 - 1931			1961 - 1963		
	Mortalité générale	Mort/té Infantile(1)	Total	Mort/té générale	Mort/té Infantile	Total
Vieillesse	8	—	8	17	—	17
Maladies infectieuses	14	4	18	4	—	4
Lésions vasculaires, tumeurs, maladies de l'appareil digestif	12	1	13	19	—	19
Atrophie, anémie	1	5	6	—	1	1
Divers	2	1	3	4	—	4
TOTAL	37	11	48	44	1	45

L'évolution des causes de décès fait apparaître plusieurs caractères dignes d'intérêt:

—Pour un volume de décès comparable, il y a diminution très notable des maladies infectieuses (grippes, pneumonies, typhoïde) et accroissement parallèle des causes de mort internes (vieillesse, lésions). Cette révolution est la conséquence de l'introduction massive des antibiotiques, qui peut être située dans cette région à la période suivant immédiatement la guerre. Dans le même temps, l'allongement de la vie augmentait les causes de mort internes.

—La chute de la mortalité infantile est particulièrement spectaculaire. Elle est due autant à l'élimination quasi totale de la mortalité infectieuse qu'à la réduction de la mortalité due aux malformations ou aux faiblesses congénitales. Cette évolution traduit d'elle-même l'amélioration de l'état sanitaire général et particulièrement de celui des futures mères. En 1929-1933, la mortalité infantile représentait plus de 20% de la mortalité totale, en 1959-1963, le pourcentage était tombé à 3%. Dans la même période, la mortalité infantile tombait de 111 à 27 pour mille enfants nés viables.

Finalement, le mouvement naturel à Pobia présente des caractéristiques qui apparentent ce village de la Messara crétoise à une commune du sud de la France: régression de la natalité, qui est au moins autant la conséquence de la baisse de la fécondité que du vieillissement des structures démographiques, maintien du volume de la mortalité dont le contenu change pourtant totalement: plus de vieux et qui meurent de plus en plus vieux et moins de bébés. Tout au plus, faut-il souligner l'accélération des processus qui a fait parcourir en quelque 30 ans une évo-

(1) La mortalité infantile, telle qu'elle a été définie ici, intéresse les décès d'enfants âgés de moins d'un an.

lution qui a été en France plus que séculaire. Et le déficit d'accroissement naturel des dernières années n'est que le résultat attendu de cette évolution. Il n'est aussi qu'une des raisons du déclin démographique de Pobia. Mais il nous faut parler quelque peu avant des mariages.

3e) La nuptialité L'étude de la nuptialité à partir du registre d'état civil présente un intérêt évident pour la compréhension des problèmes démographiques du village. Mais ici plus qu'ailleurs, nous nous bornerons très souvent à la présentation des faits, conscient de l'insuffisance d'une recherche géographique de courte durée pour l'intelligence profonde des phénomènes. La courbe de l'évolution des mariages célébrés à Pobia (graphique 15) fait apparaître le ralentissement démographique déjà signalé: dans la période 1929-1938, 10 mariages ont lieu annuellement dans le village, contre 7 seulement dans la période 1954-1963, malgré l'augmentation démographique générale. Là encore l'influence du vieillissement est manifeste. Plus curieux est l'aspect en dents de scie régulières présenté par la courbe avec une périodicité remarquable de deux ou de trois ans. Dans un monde où le régime dotal des filles joue un rôle déterminant, faut-il y voir l'influence des bonnes récoltes sur la date de fixation des mariages? Une hypothèse dont nous laissons volontiers la vérification aux sociologues.

Deux autres aspects méritent encore attention: l'âge des futurs conjoints et les liens géographiques que font naître les mariages entre communes d'une même région. Un fait n'a peut être pas été suffisamment souligné qui explique dans une certaine mesure les faibles taux de natalité en Grèce: l'âge tardif des mariages. C'est là, à n'en pas douter, un fait de civilisation: la nécessité pour la jeune fille de réunir la dot la plus riche possible(1), la volonté pour le jeune homme de faire un bon mariage retardent, et dans tous les milieux sociaux, l'âge du mariage. Le tableau ci-après donne l'âge moyen des conjoints à Pobia pour différentes époques.

(1) Quasi obligatoire dans tous les milieux sociaux du village, la dot, formée de couvertures brodées, de tapis et de coussins richement décorés, est évidemment sans rapport avec les besoins réels du jeune couple et contribue à immobiliser d'importantes disponibilités en argent et en travail.

Age moyen des conjoints		
Date du mariage	Époux	Épouses
1929-1933	32.5 ans	28.8 ans
1934-1938	32.0	25.6
1949-1953	29.5	23.2
1954-1958	31.1	25.1
1959-1963	30.4	23.6

Ainsi, même dans les années 30, où la fécondité était encore importante, la natalité était loin d'atteindre des taux très élevés, en raison de l'âge des jeunes épouses. Cette considération a sans doute pesé et pour longtemps sur le destin démographique de la Grèce, contribuant à faire sortir ce pays des problèmes du surpeuplement et à le placer, comme on l'a dit, hors des régions à démographie galopante. Depuis, l'âge des conjoints s'est abaissé, beaucoup plus nettement d'ailleurs pour les femmes que pour les hommes, mais d'autres facteurs sont intervenus, nous l'avons vu, pour limiter encore les taux de natalité. Il reste que cette baisse récente de la natalité due au développement général s'est opérée sur un niveau rendu déjà relativement bas par les traditions matrimoniales du pays.

Les problèmes liés à l'endogamie et à l'exogamie méritent eux aussi une attention particulière. Ils mettent en cause tout d'abord des comportements différents entre hommes et femmes, dont il serait intéressant de préciser les raisons. D'une manière générale, la tendance à l'endogamie est beaucoup plus marquée pour les hommes que pour les femmes du village. En moyenne, un homme sur cinq seulement épouse une femme qui n'est pas originaire du village. Cette tendance se renforce même légèrement dans les dernières années, le pourcentage des conjoints épousant une femme du village passant de 81% en 1929-1938 à 83% en 1954-1963. Pour les femmes, la situation est rigoureusement inverse: une femme sur trois épouse un homme qui n'est pas originaire de Pobia et en 1929-1938 cette situation intéressait 32% des conjoints contre 38% en 1954-1963.

A quoi attribuer cette double disparité? Il est difficile de présenter des hypothèses pour les hommes qui épousent des femmes étrangères au village. Tout au plus peut-on signaler qu'on rencontre parmi eux une proportion plus élevée d'agriculteurs. L'importance croissante de l'exogamie pour les femmes du village peut être mise en parallèle avec plusieurs autres faits: les disparités de la répartition par sexe (il y a plus de femmes que d'hommes au village), les inégalités dans la répartition professionnelle des futurs époux (parmi les époux étrangers au village,

ÉVOLUTION DU NOMBRE DES MARIAGES DEPUIS 1930

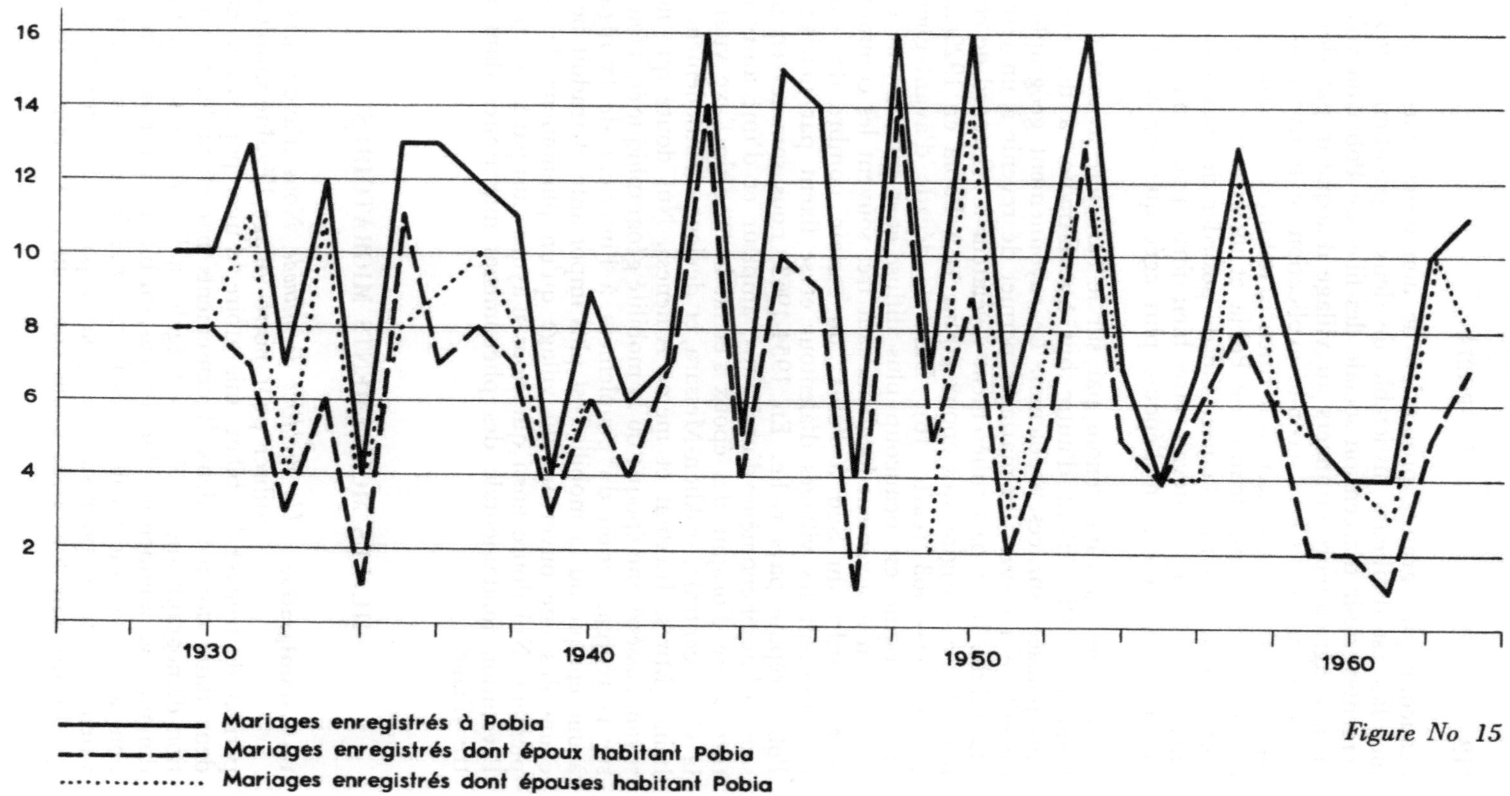

Figure No 15

beaucoup plus grande proportion de non-agriculteurs). Ce dernier fait est d'ailleurs justiciable de deux explications assez divergentes: désir d'ascension sociale des filles de Pobia ou volonté de non-agriculteurs étrangers au village d'acquérir par dot des terres de culture. Cette seconde explication se trouve confirmée par une autre constatation: la fréquence, notamment avant-guerre, des unions entre une femme de Pobia et un étranger au village, nettement plus jeune: la nécessité de posséder des terres dans le village d'installation devait être bien forte pour contredire le tabou méditerranéen de l'épouse plus agée que son mari.

Nous ne nous méprenons par sur le caractère avancé de ces hypothèses, elles n'ont d'autre but que d'inviter à des études plus poussées sur ces problèmes. Le rayonnement géographique du village à travers les mariages permet de revenir à un terrain plus solide. Il est particulièrement révélateur à cet égard de comparer l'aire d'origine des époux étrangers à Pobia en 1929-1938 et en 1954-1963 (carte 16). Dans la décade d'avant-guerre, l'aire d'origine est beaucoup plus diffuse et essentiellement centrée sur un mouvement local unissant très souvent les communes montagnardes du Sud à Pobia: un certain nombre de jeunes gens quittent les villages d'alentour et se fixent par mariage à Pobia, réputé pays riche. En 1954-1963, nous sommes en présence d'un phénomène d'une autre ampleur et d'une autre nature: l'aire d'origine des époux s'étend le long de l'axe vital de la Crète centrale, Iraklion-Messara, et devient essentiellement urbaine (Mirès, Iraklion et même Athènes). Nul doute que nous soyons passés d'une époque où la mobilité géographique était fondée sur la réorganisation du peuplement à l'intérieur de la région, à une époque où la mobilité est plus importante et traduit beaucoup plus une ouverture du village qu'un phénomène de peuplement. Nul doute aussi que nous n'ayons saisi par les mariages l'évolution fondamentale des phénomènes migratoires dans notre village.

III. LES MOUVEMENTS MIGRATOIRES

1e) L'immigration *Un Problème de méthode.* Nous n'avons pas pu utiliser pour notre village l'égalité simple qui permet de trouver le bilan migratoire d'une population entre deux dates données, deux Recensements par exemple: la variation démographique globale est égale à l'accroissement naturel diminué ou augmenté, selon les cas, du bilan migratoire. En fait, nous avons vu que les nombres fournis par les Recensements devaient être tenus pour suspects, gonflés par les internes du collège. Encore une fois, nous étions contraint à la méthode directe.

COMMUNES DE RÉSIDENCE DES ÉPOUX ETRANGERS A POBIA

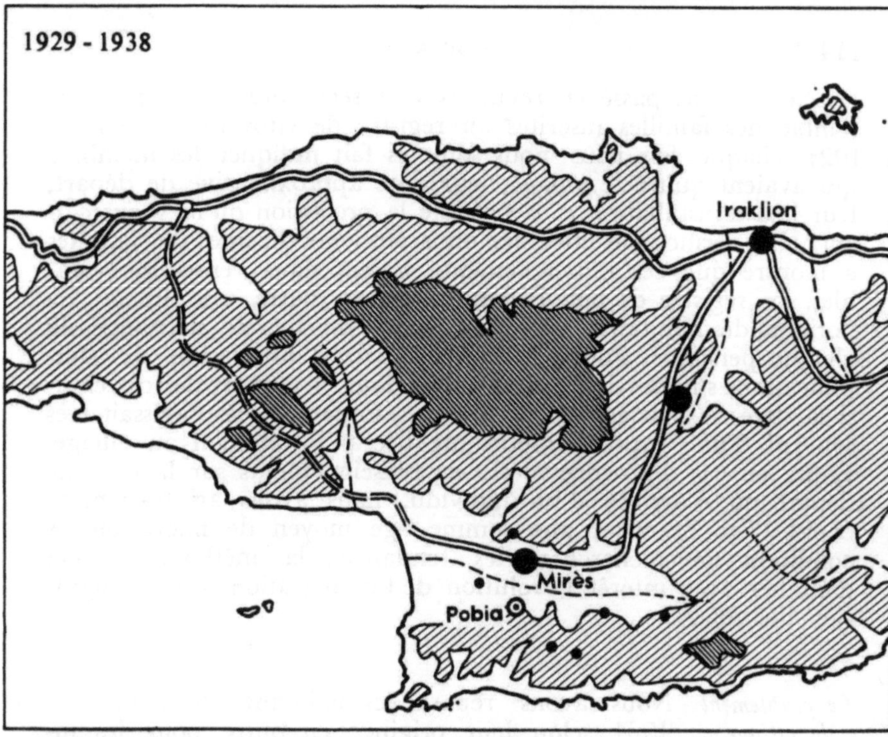

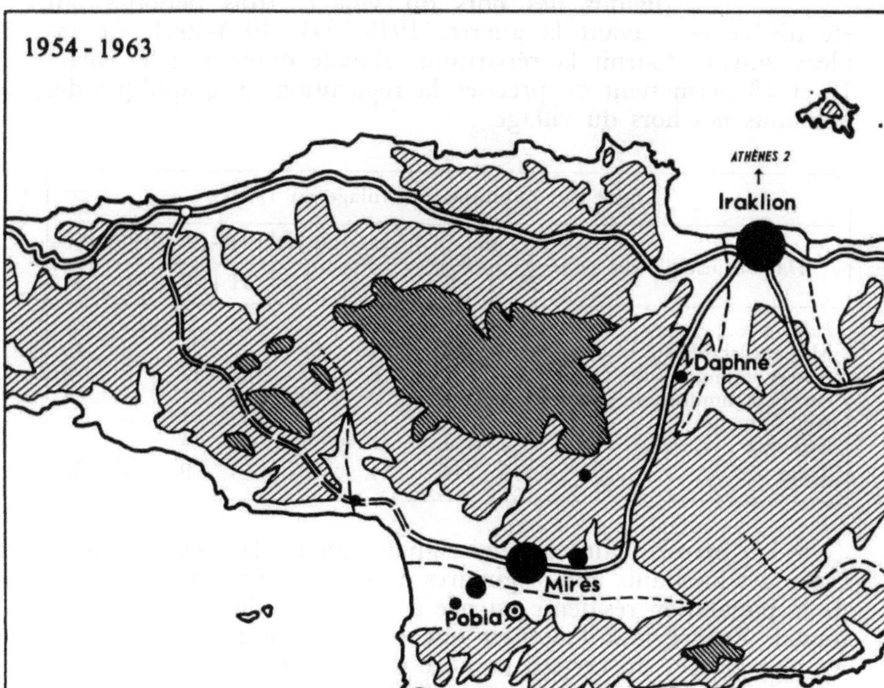

● 1 ● 4 ● 6 ● 10 ● 12 individus

Carte No 16

Nous avons passé en revue avec le secrétaire de mairie l'ensemble des familles inscrites au registre de citoyenneté (voir p. 102): chaque fois nous nous sommes fait indiquer les membres qui avaient quitté le village, leur date approximative de départ, leur lieu d'installation et si possible la profession qu'ils y exerçaient. Une vérification effectuée dans plusieurs dizaines de familles a montré que ces renseignements étaient dans l'ensemble valables. Le registre de citoyenneté donne en outre une image de l'origine des habitants, par l'inscription du lieu de naissance de chaque personne. Pour apprécier la date d'installation, des simplifications s'imposaient: nous avons dans la plupart des cas choisi la date de mariage de l'individu, estimant qu'ils s'agissait très souvent d'une rupture importante liée à l'installation au village. Enfin, en cas d'absence totale de renseignements sur la date de départ ou d'arrivée d'un individu, nous avons arbitrairement choisi l'âge de vingt ans comme âge moyen de migration. A condition de rechercher des tendances, la méthode permet d'étudier avec intérêt l'évolution de l'immigration et de l'émigration du village.

Le peuplement du village Nous avons réparti les habitants du village en 1964 selon leur origine; en outre, pour les individus nés hors du village, trois périodes ont été distinguées: avant la guerre, 1945-1954, 1955-1964. Le tableau suivant fournit la répartition globale obtenue et les cartes 17 et 18 permettent de préciser la répartition géographique des habitants nés hors du village.

Origine des habitants du village en 1964

Date d'installation	Total		Avant-guerre		1945-1954		1955-1964	
	H	F	H	F	H	F	H	F
Pobia	500	602	—	—	—	—	—	—
Messara et bordures	49	101	34	63	12	25	3	13
Autres communes de Crète	36	35	18	17	15	12	3	6
Autres communes de Grèce	3	4	2	2	—	1	1	1
Asie Mineure	—	1	—	—	—	1	—	—
Étranger	—	1	—	1	—	—	—	—
Total	588	744	54	83	27	39	7	20

—Un premier fait doit être signalé, qui est la relative importance des habitants non-originaires de la commune; près de 20% de la population résidente est née à l'extérieur du territoire communal. Encore faut-il ajouter que dans la réalité la proportion est plus élevée: un certain nombre de personnes fixées au village ont négligé de se faire inscrire sur le registre de citoyenneté et sont toujours enregistrées à leur commune d'origine. Il n'en mérite que plus de souligner la part de la population exogène dans un vieux village, qui n'a rien d'une commune de colonisation récente.

—En fait, le phénomène de peuplement se ralentit considérablement dans les dernières décades. Actuellement, nous saisissons encore les effets d'une vague de peuplement, amorcée dans la seconde moitié du XIXe siècle et s'amplifiant dans les premières décades du XXe, après l'indépendance. C'est la conséquence sur le plan démographique de la prise de possession par le paysannat grec de la plaine, occupée auparavant par les Turcs. Le processus est actuellement pratiquement arrêté, autant à cause de l'achèvement de la colonisation de la plaine que par le report du mouvement migratoire vers d'autres pôles d'attraction.

—Le jeu de cartes présenté montre les principales zones de recrutement de la population exogène. L'attraction exercée par le village est moins fonction de la distance que de la disposition des unités naturelles et des rapports historiques qui les unissent. A cet égard, la carte dessinée pour la période antérieure à la guerre est particulièrement significative. Plusieurs zones de montagne s'y remarquent, qui sont le véritable hinterland démographique du village.

a) L'Astéroussia, au sud de Pobia, avec au premier rang Pigaïdakia, le village montagnard relié par une vieille route directe à Pobia. Il est assez commun que des familles entières aient quitté ces villages de montagne pour s'installer en bordure de la plaine. Elles ont conservé en montagne des terres à céréales et des oliviers et ont acquis des terres irrigables, notamment des vignes, à Pobia.

b) Au Nord, le Psiloritis (Gergéri, Anogia), et à l'Ouest, la montagne sfakiote ont fourni malgré leur éloignement des contingents assez importants d'habitants. Il s'agit de zones-refuges, où l'occupation turque avait maintenu des densités humaines très fortes qui se sont tout naturellement desserrées vers les régions rendues familières par les mouvements de transhumance.

Ces courants fondamentaux se ralentissent aujourd'hui, après avoir connu une renaissance fugitive après la guerre (1945-1954). La carte dressée pour la dernière période (1955-1964) ne montre guère que les liens normaux qu'un village entretient avec ses voisins, aujourd'hui surtout des communes de plaine ou de pied de pente. La période de peuplement est bien finie: la montagne s'est vidée de ses hommes, la plaine est occupée, surtout d'autres mouvements ont pris une ampleur autrement considérable.

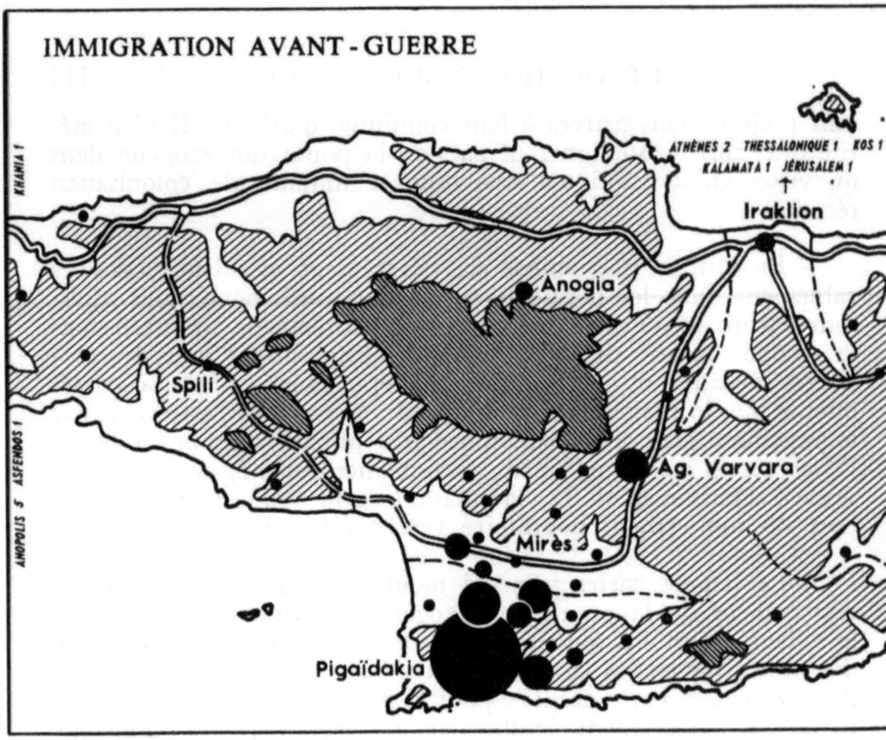
IMMIGRATION AVANT - GUERRE
KHANIA 1
ATHÈNES 2 THESSALONIQUE 1 KOS 1
KALAMATA 1 JÉRUSALEM 1
Iraklion
Anogia
Spili
ANOPOLIS 5 ASFENDOS 1
Ag. Varvara
Mirès
Pigaïdakia

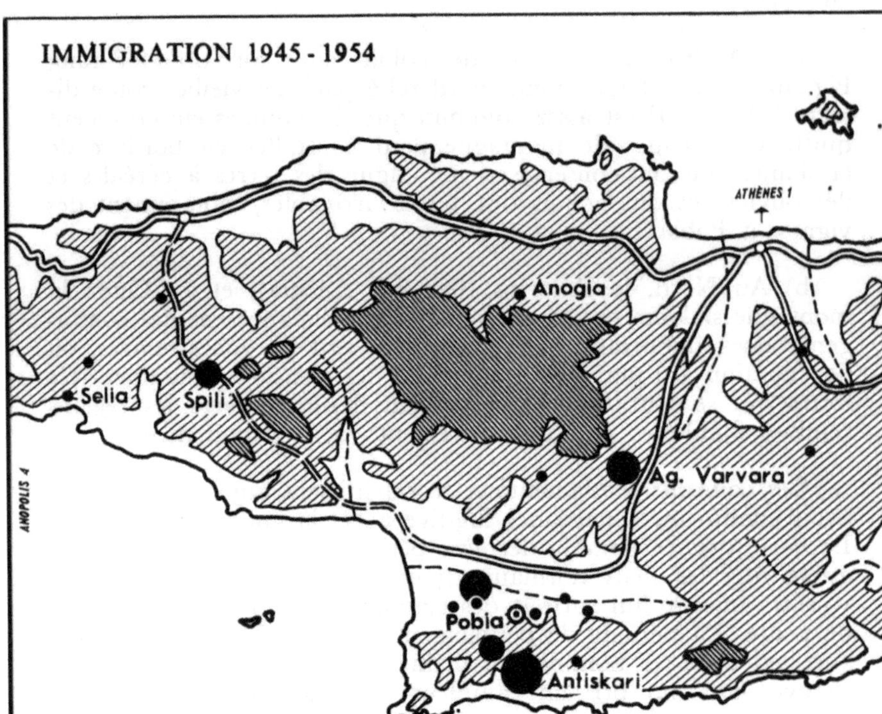
IMMIGRATION 1945 - 1954
ATHÈNES 1
Anogia
Selia
Spili
ANOPOLIS 4
Ag. Varvara
Pobia
Antiskari

Carte No 17

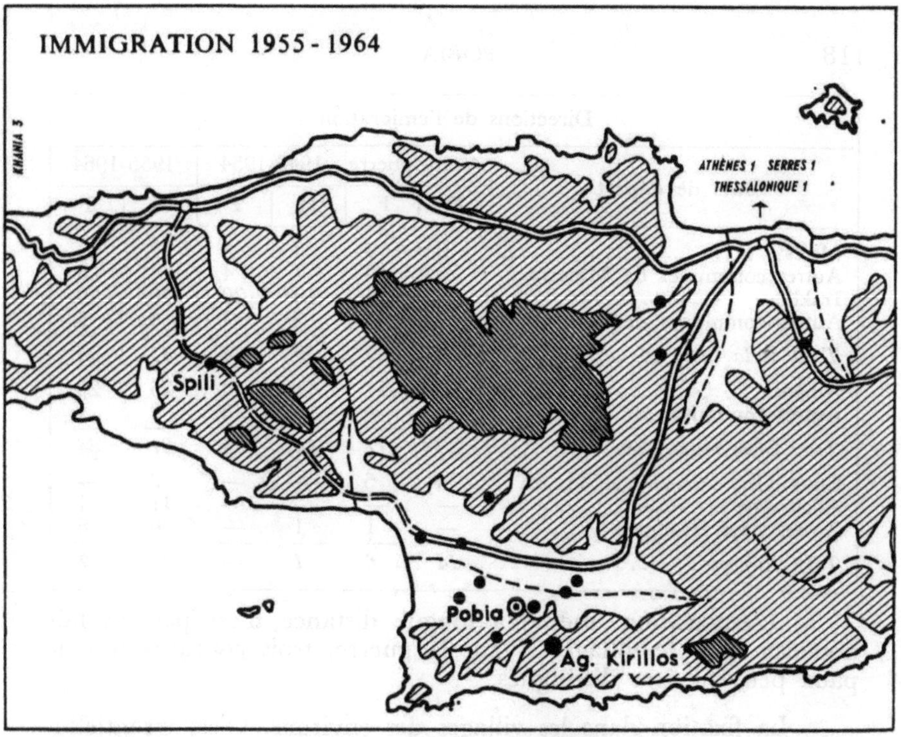

Carte No 18

• 1 • 4 • 6 • 8 • 10 • 24 personnes

2e) L'émigration C'est le deuxième volet du mouvement migratoire. C'est aussi le plus important actuellement, dans la mesure où la phase de peuplement que le village a connue à la fin du XIXe et au début du XXe siècle est terminée et où l'exode rural de plus en plus grand relaie des courants d'émigration traditionnels. Le tableau ci-après s'essaie à donner une image des différentes directions de l'émigration.

Compte tenu des remarques que nous avons faites sur la méthode d'établissement des faits, il n'est évidemment question que de souligner les tendances incontestables.

Directions de l'émigration

Date de départ	Avant-guerre		1945-1954		1955-1964	
	H	F	H	F	H	F
Mirès	9	7	7	3	7	11
Autres communes de Messara	5	13	—	4	4	8
Iraklion	28	22	18	20	20	29
Autres communes de Crète	4	11	5	7	6	5
Total de la Crète	*46*	*53*	*30*	*34*	*37*	*53*
Athènes	15	11	11	3	25	23
Autres communes de Grèce	8	—	3	5	2	1
Total Grèce moins Crète	*23*	*11*	*14*	*8*	*27*	*24*
États-Unis	14	5	—	—	2	—
Allemagne	—	—	—	—	11	1
Autres pays étrangers	—	1	1	—	6	6
Total Étranger	*14*	*6*	*1*	—	*19*	*7*

a) L'émigration, même à longue distance, n'est pas un fait nouveau dans le village. Avant la guerre, trois courants principaux peuvent être distingués.

—La fixation dans les villages des environs. C'est essentiellement la conséquence des migrations de mariage. Elles sont caractérisées par l'importance prépondérante et anormale des femmes (autres communes de Messara, autres communes de Crète).

—Le glissement d'une partie de la population vers les villes de Crète et de Grèce. C'est dire que dès cette époque l'exode rural est amorcé, compensé il est vrai par l'installation d'éléments venus des régions montagnardes. C'est une émigration essentiellement masculine, mais l'élément féminin est loin d'y être absent. La fixation est urbaine (Mirès, Iraklion, Athènes et dans une moindre mesure Thessalonique et Volos). Autant qu'on puisse le voir par les professions déclarées par le secrétaire de mairie, ces émigrants exerceraient dans les villes essentiellement des activités tertiaires: instituteurs, employés de bureau, dans une moindre mesure commerçants. Ces tendances indiqueraient une émigration par désir d'ascension sociale: une partie de l'élite, formée au collège, ne trouve pas sur place à s'employer et quitte le village.

—Le départ pour les États–Unis d'un nombre appréciable d'habitants. Cet aspect est mieux connu. Provoquée elle aussi par la volonté de rompre avec la médiocrité de la vie au village, cette émigration s'adresse à des couches sociales différentes: moins à des membres de la petite bourgeoisie locale qu'à des individus isolés qui comprennent que seule la grande rupture leur permettra de compenser leur absence de ressources et d'éducation.

Ces gens ont finalement exercé des petits métiers aux États-Unis (beaucoup ont été cuisiniers). Ce sont eux qui au crépuscule de leur vie sont revenus au village jouir paisiblement de leurs rentes ou, très rarement, si leurs forces sont encore intactes, acheter des terres et diriger des exploitations parmi les plus prospères.

Il peut apparaître factice de distinguer une émigration de la misère et une émigration par désir d'ascension sociale: toujours l'émigration signifie la certitude que la vie sera plus facile ailleurs. Il reste que sans croire que l'avant-guerre était un âge d'or, l'émigration ne signifiait pas que la vie devenait impossible au village mais que les chances étaient plus ouvertes ailleurs. On pourra toujours soutenir, il est vrai, que cette émigration était un trop-plein qui a évité la détérioration du niveau de vie rural, mais son ressort était dans le volonté de gravir quelques échelons sociaux.

b) Après la guerre, et surtout dans la dernière décade, les phénomènes changent de nature et d'ampleur.

—D'abord la mobilité s'accroît. Que l'on songe que les chiffres d'avant-guerre portant sur deux générations ont un volume comparable à ceux de la décade 1955-1964! Ce n'est d'ailleurs pas un exode massif, mais un courant continu et qui s'amplifie: une vingtaine de personnes quitte chaque année le village.

—Les directions changent. Les phénomènes migratoires entre villages perdent de l'importance et l'exode rural vers les centres urbains se précise, intéressant souvent autant et plus les femmes que les hommes, une relation facile s'établissant en fonction de l'éloignement: 7 hommes et 11 femmes à Mirès, 20 hommes et 29 femmes à Iraklion, 25 hommes et 23 femmes seulement à Athènes. L'émigration vers l'étranger a changé d'orientation et de durée: au départ définitif pour l'Amérique succède l'installation —que l'on voudrait temporaire —dans les pays d'Europe de l'Ouest en quête de main d'œuvre, Allemagne en tête.

—Il faut être plus nuancé pour la signification de cette émigration. Dans une certaine mesure, elle reste un mouvement des éléments socialement les plus dynamiques: c'est le fils d'un des plus gros exploitants du village qui part comme ouvrier en Allemagne, ce sont les commerçants qui pourtant jouissent de ressources économiques complémentaires qui veulent réaliser et partir. Mais cet exemple ne montre-t-il pas lui-même que les temps ont changé: il y a une crise, nous le savons, du commerce et de l'artisanat local; bref, de plus en plus ce sont les conditions économiques locales qui deviennent le moteur du départ. Qu'à cela s'ajoutent, portés par la renommée, la vie plus facile des villes et les salaires mirifiques offerts en Allemagne, et ces conditions d'existence qui incontestablement se restreignent au village de-

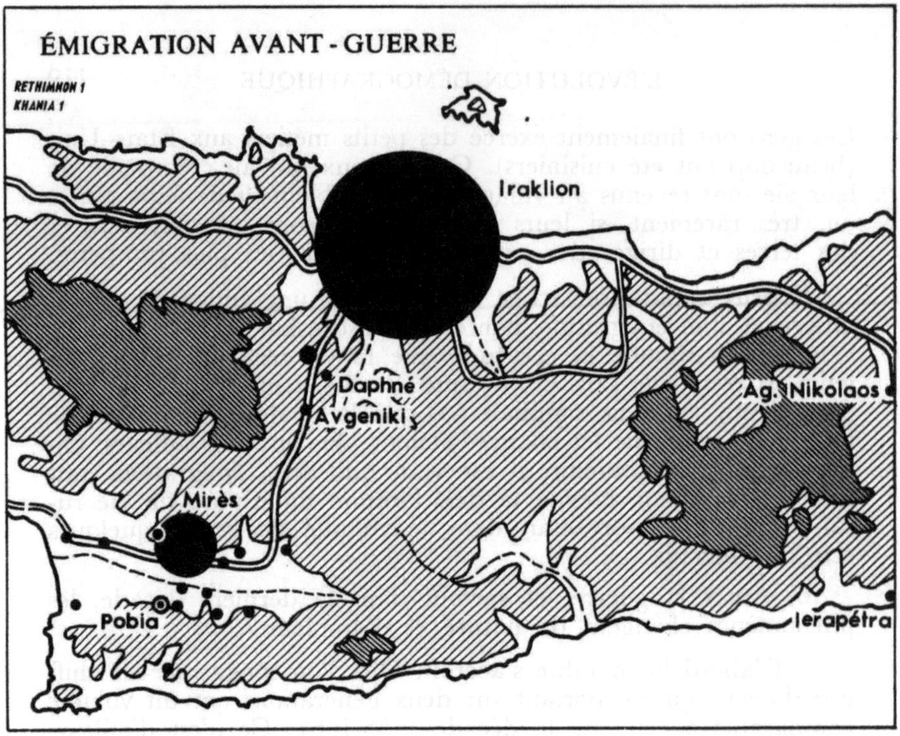
ÉMIGRATION AVANT - GUERRE
RETHIMNON 1
KHANIA 1
Iraklion
Daphné
Avgeniki
Ag. Nikolaos
Mirès
Pobia
Ierapétra

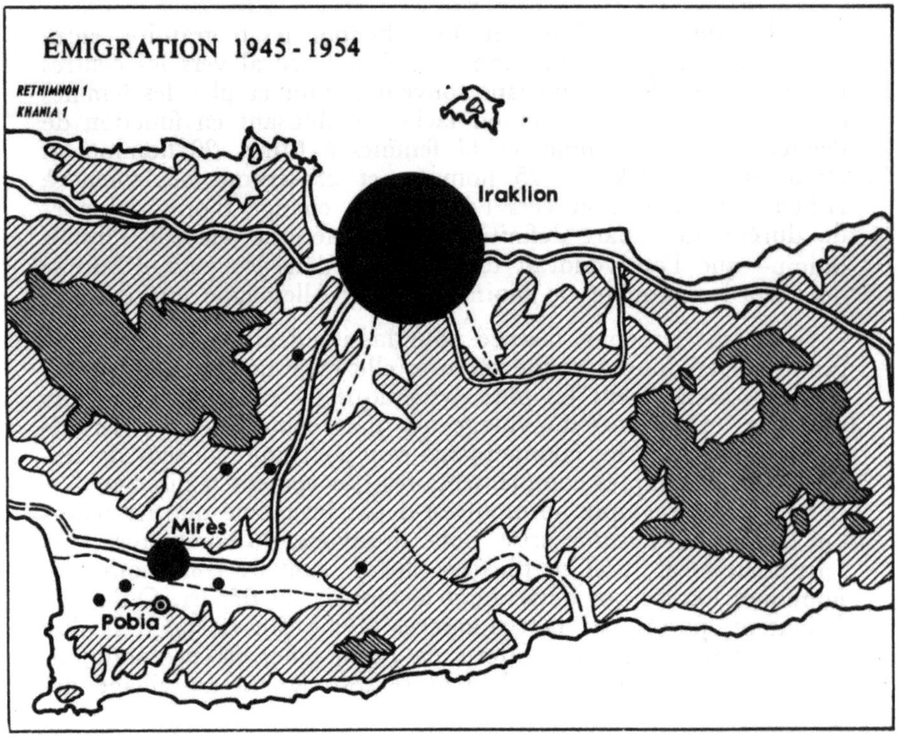
ÉMIGRATION 1945 - 1954
RETHIMNON 1
KHANIA 1
Iraklion
Mirès
Pobia

Carte No 19

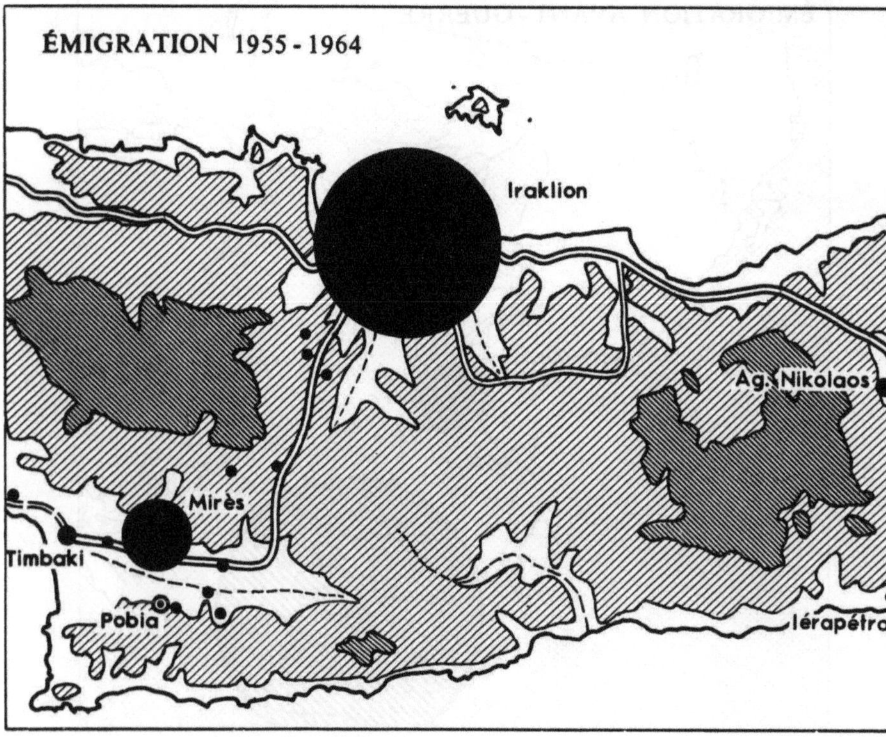

Carte No 20

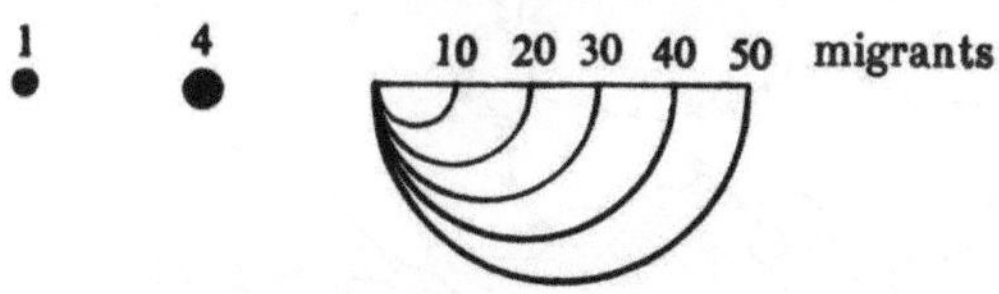

viennent de plus en plus insupportables. Et ce sont des familles entières, qui partent, que l'on retrouve avec la mention «ouvriers à Athènes». L'émigration sélective a cessé. On est passé d'un temps où ailleurs c'était mieux, à un présent où ici c'est impossible.

c) Les deux séries de cartes établies pour la Crète et pour l'ensemble de la Grèce permettent de préciser géographiquement l'évolution ainsi parcourue.

—Les trois cartes de la Crète centrale montrent (cartes 19-20) comment on est passé de la situation d'avant-guerre, fondée sur les relations de voisinage (remarquer l'essaim autour de Pobia en Messara), mais aussi sur un exode rural important (Mirès et surtout Iraklion) à la situation actuelle (1955-1964) où les relations de voisinage ont singulièrement diminué et jalonnent de façon significative la route de l'exode rural, de Mirès à Iraklion. La carte établie pour la période intermédiaire 1945-1954 amorce déjà le tournant vers cette émigration canalisée par l'axe routier de la Crète centrale.

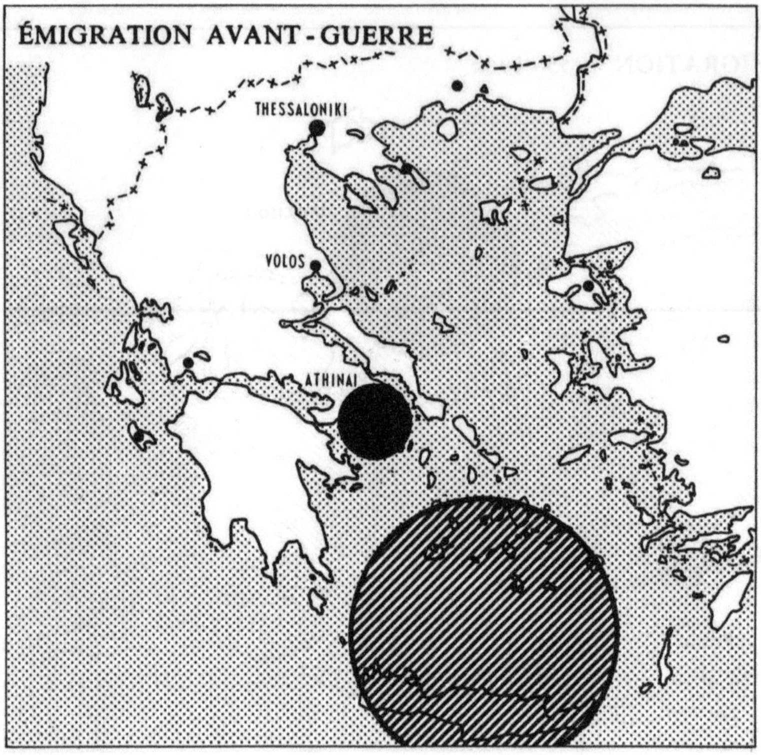
ÉMIGRATION AVANT-GUERRE
THESSALONIKI
VOLOS
ATHINAI

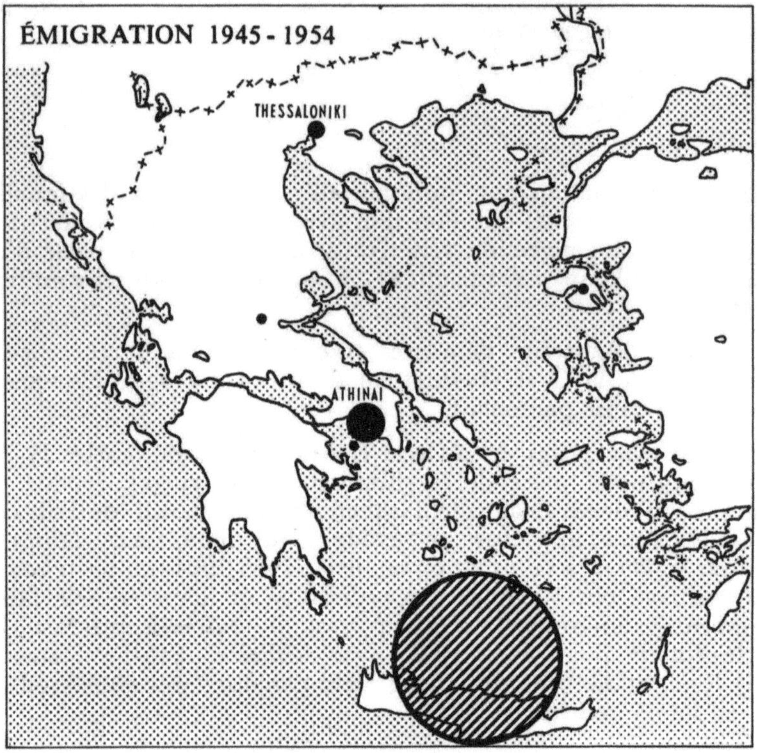
ÉMIGRATION 1945-1954
THESSALONIKI
ATHINAI

Carte No 21

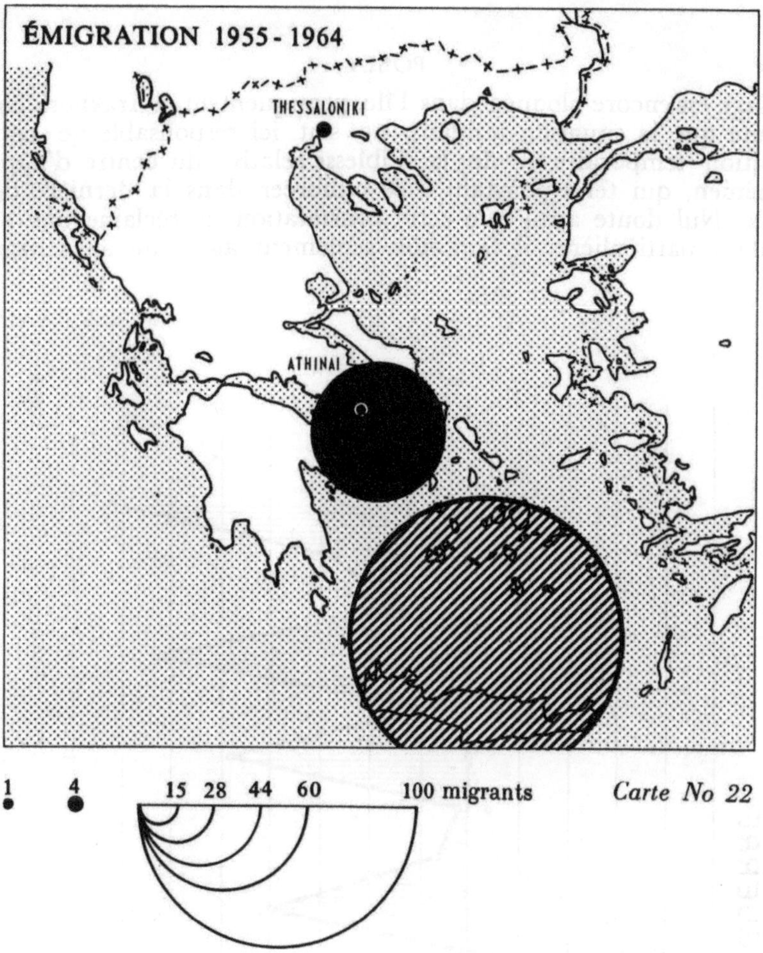

Carte No 22

—Le jeu de cartes replaçant l'émigration du village dans l'ensemble du territoire fait apparaître deux faits principaux (cartes 21-22) : la permanence des lieux d'attraction et les répercussions de l'insularité sur le mouvement général. Hors de Crète, Athènes et dans une moindre mesure Thessalonique polarisent toute l'émigration. Le cas est normal pour Athènes, plus original pour Thessalonique à qui ignorerait les liens qui paraissent anciens entre la Crète et la Macédoine. De façon plus intéressante, la série de cartes montre l'importance prise par l'émigration à l'intérieur de la Crète. C'est dire que la mobilité de la population devient plus grande, mais que la majeure partie des émigrants du village est encore bloquée dans l'île, pratiquement à Iraklion. Nul doute que la situation insulaire ne soit ici responsable de cette fixation temporaire et de la faiblesse relative du centre d'appel athénien, qui tend pourtant à se renforcer dans la dernière décade. Nul doute aussi que cette constatation ne réclame une attention particulière: il faut non seulement agir vite au village,

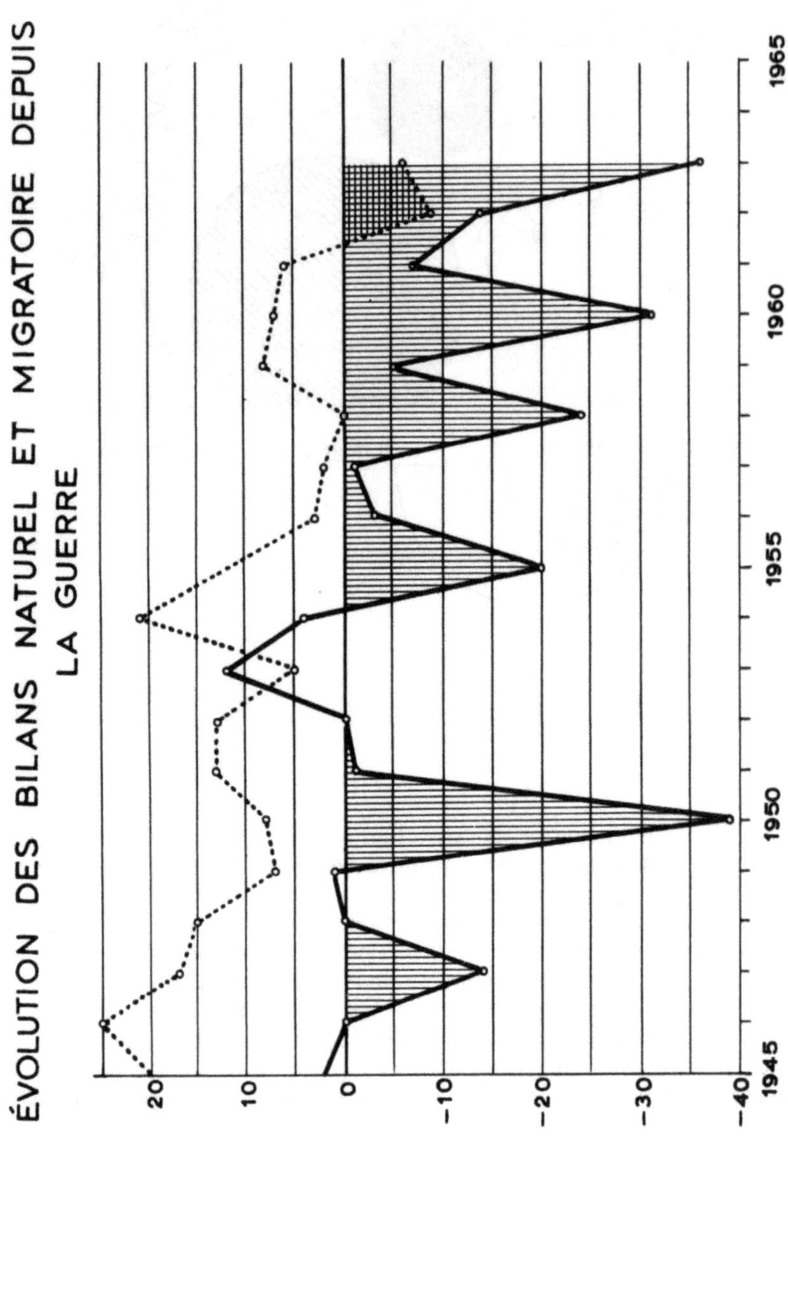

Figure No 23

si l'on veut avoir assez d'hommes pour promouvoir une action de développement, mais aussi dans ces centres de fixation régionaux (Mirès et surtout Iraklion), si l'on veut utiliser un potentiel humain actuellement sous-employé, éviter qu'il ne parte plus loin ou simplement que sa situation sociale ne se détériore dangereusement.

* * *

Finalement, la crise démographique apparaît plus grave encore que la crise économique. La crise économique est sélective: elle rend la vie impossible aux uns, plus difficile aux autres; elle rend surtout fragiles les équilibres actuels. La crise démographimique, si elle est inséparable dans son contexte de la crise économique, est globale et engage l'avenir d'une manière qui invite au pessimisme. Un dernier graphique résumera la situation (Fig. 23). Depuis vingt ans, on assiste à une chute grave, sans rémission, de l'accroissement naturel: pour la première fois depuis longtemps, le bilan naturel est négatif. Dans le même temps, l'émigration s'accélère, le bilan migratoire tombe chaque année plus bas. Répétons-le, la situation est grave. Nous ne sommes pas ici dans une région où l'émigration peut sembler un palliatif des maux économiques. Depuis longtemps, la natalité est stabilisée, la mortalité l'est aussi de plus en plus. Si l'on n'intervient pas rapidement, le vieillissement de la population et l'hémorragie humaine rendront impossible toute tentative de rénovation économique.

CONCLUSION

LES CHANCES DE SURVIE

A cet essai de présentation du présent, à cette tentative de reconstitution du passé, s'arrête souvent le géographe. Nous pensons qu'il n'a pas à jouer les prophètes, encore moins à usurper la responsabilité de décision des hommes politiques ou de l'Administration. Nous pensons aussi que, fort de son expérience, il a le devoir de formuler un certain nombre d'avis. Ces avis ne sont ni plus ni moins qualifiés que ceux des économistes, des sociologues, des démographes ou des techniciens de l'économie agricole, agronomes et pédologues. C'est avec le concours de *toutes ces disciplines réunies* que seront enfin présentées les différentes options entre lesquelles un gouvernement aura à choisir. Cette étude et ces conclusions étant l'œuvre d'un seul géographe, elles ne sauraient donc prétendre à un avis pleinement autorisé, pas plus d'ailleurs que des plans d'aménagement élaborés par une équipe de seuls économistes. Dans le meilleur des cas, les unes et les autres donnent un diagnostic judicieux mais partiel. Ce serait une grave erreur de croire qu'un cardiologue ou un entérologue est capable à coup sûr de sauver un malade dont on ignore la maladie: mieux vaut réunir tous les spécialistes sous la direction d'un pathologue.

Les dangers: dépérissement et sous-emploi

L'économie et la société de Pobia connaissent depuis quelque vingt ans une accélération singulière, qui aboutit aujourd'hui à une rupture d'équilibre de plus en plus prononcée. Le premier fait, dont il faut prendre une conscience aiguë, est que l'évolution ne s'arrêtera pas d'elle-même, autrement dit que sans intervention volontaire de l'Administration, les problèmes iront en s'aggravant et la situation locale en se détériorant. D'une part, s'accentuera au village le dépérissement des forces vives, sur le plan démographique d'abord; mais nous avons dit combien en terre crétoise la démographie pouvait hypothéquer le présent et engager l'avenir. Il n'y a en effet aucune raison pour que l'exode rural s'arrête, prenant les éléments les plus jeunes, sinon toujours les plus dynamiques. Parallèlement s'abaisseront encore les taux de natalité et au vieillissement des structures démographiques répondra le déclin des dynamismes et l'affaiblissement des volontés.

Contrairement à une opinion trop répandue en Grèce, l'exode rural n'est pas directement un palliatif de l'exiguïté de la propriété foncière. Les partants ne vendent que très rarement. Souvent la terre retourne à la friche. Elle est parfois donnée en métayage, mais les contrats sont très favorables aux propriétaires et finalement se trouve accentuée la pression sur la terre de ceux qui ne la cultivent pas. Il y a une certaine irréductibilité des structures agraires devant l'exode rural. Loin d'améliorer la situation des exploitants agricoles, l'exode rural a toute chance de rendre encore plus difficiles, sinon insolubles, les besoins de main d'œuvre des propriétaires. Mais soulignons à nouveau que c'est en grande partie l'absence d'élasticité des structures foncières, beaucoup plus qu'un manque absolu de bras, qui détermine les pénuries saisonnières de main d'œuvre dans la campagne grecque.

A la ville —Mirès ou Iraklion— les dangers ne sont pas moins grands. La vague démographique croissante entraîne une poussée spéculative importante. Dans une certaine mesure, c'est assurer, —mais à quel prix?— le logement des arrivants. En fait, ces investissements immobiliers, faciles et attirants, figent les capitaux. On loge —et on loge cher— mais on s'interdit par là-même de créer des postes de travail: il y a détournement des énergies et de l'épargne régionales vers les secteurs les plus improductifs, mais aussi les plus spéculatifs. Dans ces conditions, l'urbanisation apparaît souvent fragile et rejette dans le sous-emploi chronique les masses fraîchement arrivées. Finalement, l'évolution actuelle apparaît aussi préjudiciable au village qu'à la ville.

Les fausses solutions: tourisme et émigration

Ces problèmes ne sont pas spécifiques de la Messara. On les retrouverait avec d'importantes variantes dans beaucoup de régions grecques. Pourtant, à compulser les dossiers et à lire les rapports, on est surpris de voir la pauvreté des solutions proposées. Elles reprennent à peu près toutes ces deux panacées du monde méditerranéen que sont le tourisme et l'émigration. Il nous a toujours semblé paradoxal de fonder un développement régional sur le départ des habitants et l'arrivée des touristes. Au demeurant, dans notre cas précis, le tourisme ne peut guère être invoqué. Phaistos restera toujours une excursion de la journée au départ d'Iraklion et le tropisme du soleil étant inséparable de l'attrait de l'eau, il faudrait concevoir de gigantesques travaux routiers à travers l'Astéroussia, pour aménager les plages magnifiques et solitaires de la Mer Libyenne (Kalous Liménès, Léda). Encore la vie des centres ainsi créés resterait-elle très artificielle pour la région.

L'émigration temporaire vers l'étranger a déjà commencé. Ces résultats pourraient parfois inciter à l'amplifier. En 1963, 186 mandats ont été envoyés de l'étranger à Pobia, en majorité d'Allemagne, rapportant au village près de 250 000 drachmes. En fait, ces ressources complémentaires, ajoutées à l'argent liquide ramené personnellement par les émigrants, se trouvent le plus souvent drainées vers des investissements improductifs: maison de rapport à Mirès, appartement ou fonds de commerce à Iraklion. L'émigrant revient rarement avec une qualification professionnelle intéressante, mais rapporte en revanche une mentalité qui paraît difficilement conciliable avec un pays en voie de développement: la volonté de gagner le plus d'argent possible remplace difficilement les sacrifices librement consentis. De plus, l'émigration, sélective et systématiquement organisée, accentue encore les maux engendrés par l'exode rural.

Les options fondamentales Finalement, à Pobia, il faudrait certainement avoir le courage de sortir des sentiers battus et s'engager dans des voies originales. A cet égard, les options fondamentales nous paraissent être doubles.

1) Aménagement de l'exode rural et restructuration des structures agraires

Pour que l'exode rural améliore la situation des exploitants demeurant au village, il est nécessaire de l'organiser et d'en profiter pour remodeler les structures agraires. Ce remodelage devrait être fondé non seulement sur la lutte contre le morcellement, mais aussi sur l'élimination du faire-valoir indirect déguisé: le remembrement foncier s'accompagnerait d'un agrandissement des vraies exploitations agricoles. La modification des conditions d'exploitation pourrait avoir, semble-t-il, des effets bénéfiques à la fois sur les structures démographiques et sur les systèmes de cultures. L'amélioration de la rentabilité agricole retiendrait à la terre des éléments jeunes et dynamiques. L'agrandissement de l'exploitation permettrait en outre une mécanisation plus poussée et surtout la diversification de la production agricole. On pourrait concevoir une reprise des céréales cultivées sur de grandes parcelles et surtout un développement de l'élevage associé à l'expansion des prairies artificielles irriguées.

Bref, la solution proposée consisterait à remplacer les quelque 400 exploitations actuelles par une centaine d'exploitations d'une vingtaine d'hectares chacune, fondées sur des cultures spéculatives très rentables (sultanines) et sur une polyculture intensive (céréales irriguées, oliviers, légumes, prairies artificielles, élevage). Dans l'état actuel des choses, et surtout des hommes, les difficultés d'application seraient très grandes: ventes forcées, remembrement imposé, choix judicieux des intéressés, autant de contraintes, qui susciteraient bien des résistances.

2) Fixation momentanée de l'exode rural et intensification des cultures

Il serait peut-être plus facile de laisser subsister les structures agraires actuelles. Mais il faudrait alors améliorer les revenus des plus pauvres et permettre aux «grands» propriétaires de conserver des travailleurs d'appoint, autrement dit éliminer, au moins pour un temps, les causes de l'exode rural et les maux qu'il entraîne. Dans cette hypothèse, il serait nécessaire de favoriser les très petits exploitants, en leur donnant les moyens de convertir et d'exploiter rationnellement toute leur exploitation en cultures très rentables (sultanines, primeurs). Il faudrait alors favoriser la création de vraies coopératives de production et de commercialisation, réservées aux microfundiaires et chargées de distribuer et de contrôler les prêts, d'assurer un minimum de formation agricole, et de mécaniser rentablement les travaux agricoles sur de petites exploitations.

Bien qu'elle ne s'attaque pas aux structures foncières, cette option ne serait pas sans soulever de graves difficultés: parti pris en faveur des petits exploitants, résistance de l'individualisme agraire à la création de coopératives volontaires.

D'ailleurs, le choix entre ces deux options fondamentales ne suffirait pas à lui seul à sauver la région de la crise. Elles devraient toutes deux être nécessairement associées à d'autres solutions, dont nous signalons les plus immédiates:

—organisation méthodique de l'irrigation
—amélioration du genre de vie rural (électrification notamment)
—nécessité surtout de créer des emplois industriels urbains à Iraklion, mais aussi à Mirès, pour éponger le sous-emploi existant et permettre, par un choix judicieux des activités, une embauche temporaire en période de faible emploi agricole.

* * *

Ces solutions esquissées accordent la prééminence à l'homme. On en sera peut-être surpris. Nous pensons que le choix premier n'est pas entre deux techniques d'irrigation, entre une usine de jus de raisin on une conserverie de tomates. Il est avant tout dans le destin que les hommes veulent se choisir, avant d'être dans les moyens de le réaliser.

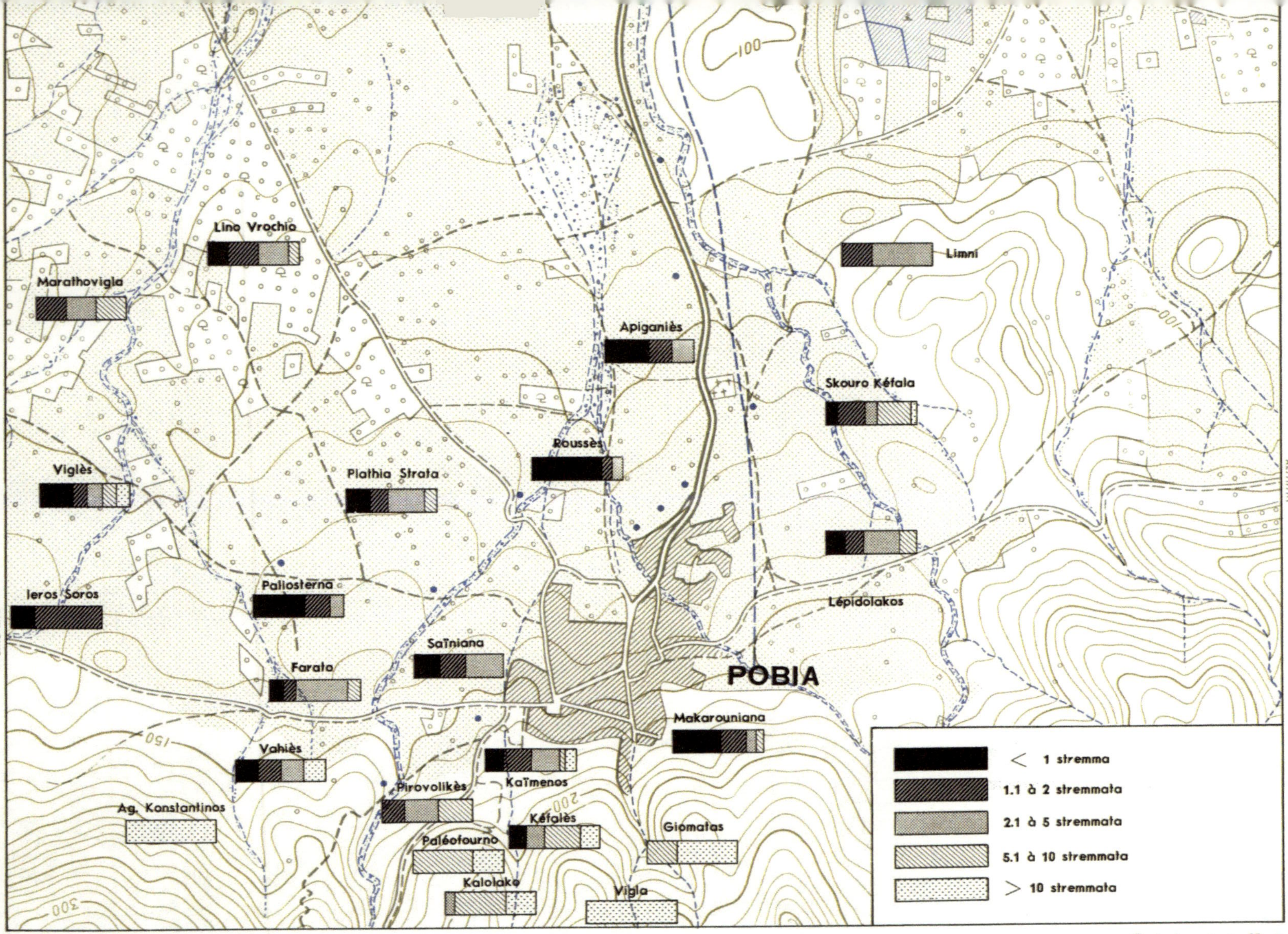

Carte hors-texte No 3

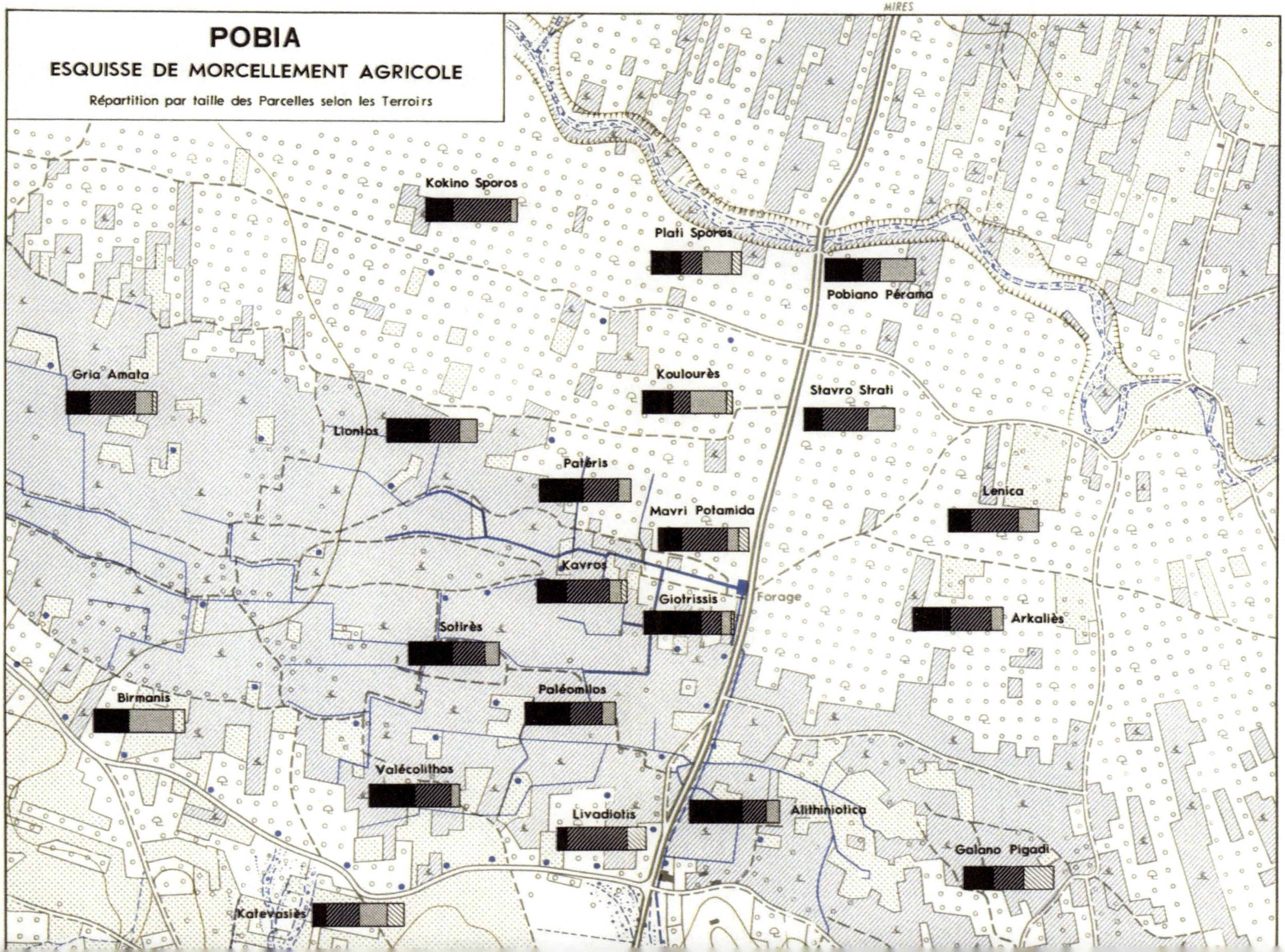
POBIA
ESQUISSE DE MORCELLEMENT AGRICOLE
Répartition par taille des Parcelles selon les Terroirs
MIRES
Kokino Sporos
Plati Sporos
Pobiano Pérama
Gria Amata
Kouloures
Stavro Strati
Liontas
Patéris
Lenica
Mavri Potamida
Kavros
Giotrissis
Forage
Arkaliès
Sotirès
Paléomilos
Birmanis
Valécolithos
Livadiotis
Alithiniotica
Galano Pigadi
Katevasiès

COMMUNES DE LA MESSARA OCCIDENTALE

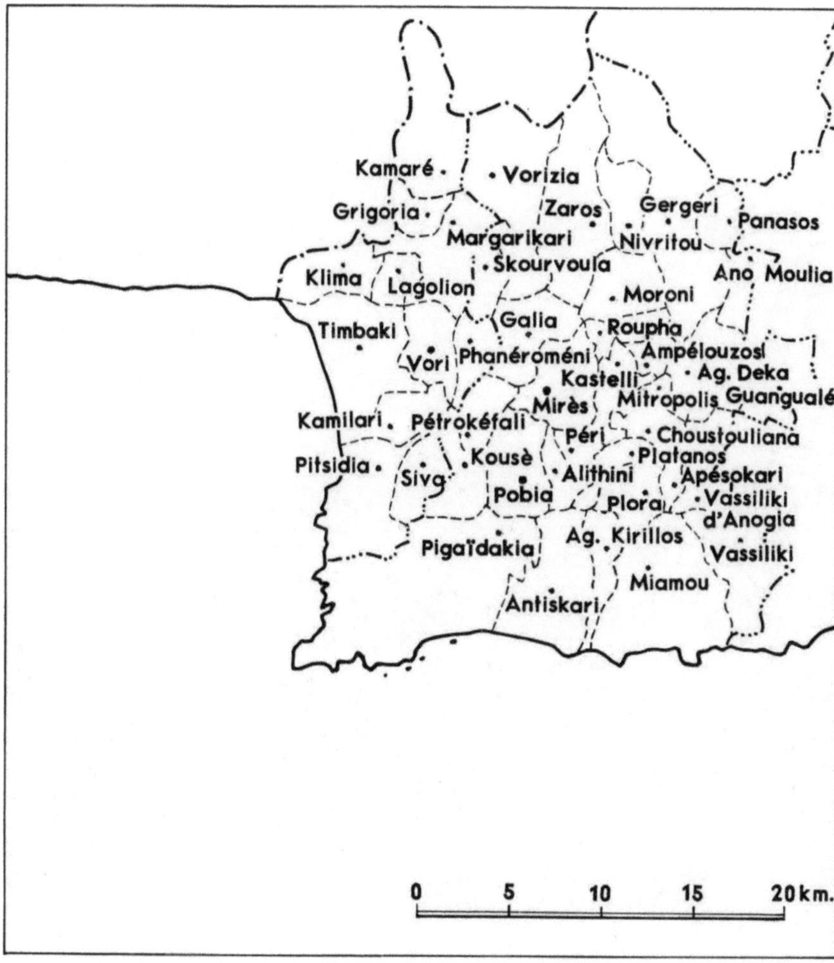

Carte No 24

ANNEXE I

MODÈLE DE QUESTIONNAIRE POSÉ DANS LES FAMILLES

Situation de famille

— Quels sont les membres de votre famille qui habitent avec vous (énumération et caractéristiques de chacun d'eux)?
— Combien de pièces avez-vous?
— Avez-vous des membres de votre famille qui ont quitté Pobia? Si oui:
  — qui?
  — quand?
  — pour où?
  — pour combien de temps?
  — pour quoi faire?
— Avez-vous des membres de votre famille qui ne sont pas nés à Pobia? Si oui:
  — qui?
  — où sont-ils nés?
  — pourquoi sont-ils venus?

Systèmes de cultures

Il faut demander à l'interrogé de distinguer les terres de son exploitation en différents types de cultures:
  — Vignes
  — Oliviers
  — Champs
  — Cultures de jardin
  — Surfaces possédées non cultivées.

Pour chaque type de culture, il faut distinguer et poser l'ensemble des questions pour chaque parcelle, c'est-à-dire pour chaque *surface de terre* mise en culture d'un seul tenant.

Questions pour les surfaces cultivées:

Pour chaque parcelle:
— Où est située la parcelle (riza, livadi, ou en dehors de Pobia)? Si en dehors, dans quelle commune?
— Combien de stremmata et combien de pieds de vignes ou d'oliviers?
— Quelles cultures avez-vous faites cette année sur la parcelle?
— Si les cultures sont permanentes (oliviers, vignes)
  — Depuis combien de temps, la parcelle est-elle en oliviers ou en vignes?
  — Auparavant, que faisait-on sur cette parcelle, si vous vous en souvenez?
— S'il s'agit de cultures annuelles (céréales, légumes secs)
  — Que faisait-on sur cette parcelle l'année dernière? il y a 2 ans? il y a 3 ans..?

— Que comptez-vous faire l'année prochaine?
(Il faut reconstituer tout le cycle de rotation, c'est-à-dire retomber sur la culture qui a été faite cette année sur la parcelle).
— Combien de labours faites-vous sur la parcelle par an et pour les différentes cultures que vous faites sur la parcelle?

Faire préciser:
— mois de labour
— mode de labour (charrue attelée, tracteur, motoculteur etc....)
— avec ses propres instruments et attelage ou avec des instruments ou un attelage prêté ou loué?
— Quels autres travaux (taille, soufrage, sulfatage, etc...) faites-vous sur la parcelle et à quels mois?
— Pour les cultures annuelles:
— à quel mois semez-vous?
— à quel mois récoltez-vous?
— Quels engrais mettez-vous sur la parcelle? Faire préciser la nature
— Phosphates
— Nitrates
— Potasse
Faire préciser également le mois et la quantité soit pour la parcelle, soit pour chaque pied de vigne?

— Employez-vous de la fumure naturelle?
— La parcelle est-elle irriguée? Si oui:
— l'est-elle tous les ans?
— depuis quand?
— comment irriguez-vous cette parcelle (puits personnel avec une pompe ou autre système, vannes du puits communal, puits d'un voisin, etc....)?
— si vous louez, combien louez-vous l'heure et quel est le débit moyen?
— quelle longueur de tuyaux et quelle sorte de tuyaux utilisez-vous?
— combien de fois par an (distinguer les années humides ou non) et combien d'heures chaque fois irriguez-vous la parcelle?
— A quelles dates irriguez-vous?
— Quelle est la production (en kg) de la parcelle, lors de la dernière récolte? (Faire préciser si la dernière récolte était une bonne,une moyenne ou une mauvaise année).
— Quelle est la production:
— en très bonne année?
— en très mauvaise année?
(et ce, s'il y a lieu, pour les différents types de cultures faits sur la parcelle).
— Que faut-il pour qu'il y ait une très bonne année? (attention au cycle biennal de l'olivier).

Questions pour les surfaces non cultivées:

Pour chaque parcelle:
— Où est située la parcelle?
— Combien de stremmata contient-elle?
— Depuis combien de temps n'est-elle pas cultivée?
— Pourquoi n'est-elle pas cultivée?
— Qu'est-ce qu'il y avait quand elle était cultivée?
— A quoi sert la parcelle normalement?

Cheptel

— Quels animaux possédez-vous? Distinguer:
— âge
— sexe
— Quelle est l'alimentation de ces animaux selon les saisons?

Équipement agricole

— Quels outils individuels, instruments mécaniques, engins motorisés, possédez-vous personnellement?

Structure agraire

— De quelles parcelles, l'intéressé n'est pas propriétaire?
(demander s'il en a la jouissance gratuite ou s'il les loue?)
— Si l'intéressé loue des parcelles ou des oliviers, demander:
— quel en est le propriétaire?
— où habite-t-il?
— que fait-il?
— Est-ce que l'intéressé loue des parcelles qu'il possède personnellement? Si oui:
— lesquelles?
— à qui les loue-t-il (commune de résidence)?
— pour quelle utilisation?
— Qui travaille avec l'intéressé sur l'exploitation?
— Si ce sont des parents ou amis:
— travaillent-ils constamment?
— travaillent-ils à certaines périodes seulement (préciser lesquelles)?
— sont-ils rémunérés?
— est-ce à titre de réciprocité?
— Si ce sont des ouvriers agricoles:
— combien sont-ils?
— à quelle saison sont-ils employés?
— d'où viennent-ils?
— combien sont-ils payés (avec ou sans repas)?
— combien de jours les emploie-t-on?
— préciser si ces ouvriers sont des hommes ou des femmes?

Commercialisation:

Il faut se souvenir des différents produits de l'exploitation et demander lesquels sont vendus. Pour chaque produit:
— combien de kg avez-vous vendus l'année dernière?
— où les avez-vous vendus?
— à qui?
— à quel prix?
— quelle somme avez-vous reçue, déduction faite des dettes que vous aviez à la Banque Agricole, par exemple engrais etc....?
— Si le produit n'est pas vendu:
— comment est-il transformé (presse à huile, moulin, etc...)?
— à qui est-il donné pour la transformation?
— combien coûte la transformation?
— comment est-elle payée (nature, argent, etc.)?
— Faites-vous des comptes d'exploitation?

ANNEXE II

ESSAI DE RECONSTITUTION DE BUDGETS D'EXPLOITATIONS(1)

	SORTIES		ENTRÉES	
	1ère année	*2ème année*	*1ère année*	*2ème année*
Grand propriétaire **(92 stremmata, dont 25 de sultanines, 280 oliviers)**				
Vignes	47 100	47 100	65 000	65 000
Céréales.......	1 700	1 700	3 000	3 000
Oliviers	21 800	4 000	54 000	—
	70 600 dr.	52 800 dr.	122 000 dr.	68 000 dr.
Commerçant **(47 stremmata, dont 21 de sultanines, 40 oliviers)**				
Vignes	17 500	17 500	60 000	60 000
Céréales.......	2 500	2 500	4 000	4 000
Oliviers	8 640	800	32 400	—
Jardin	1 600	1 600	6 000	6 000
	30 240 dr.	22 400 dr.	102 400 dr.	70 000 dr.
Retraité **(66 stremmata, dont 8 de sultanines, 400 oliviers)**				
Vignes	11 430	11 430	15 140	15 140
Oliviers	15 500	1 500	46 800	—
Régisseur...... (1 000 dr. par mois)	12 000	12 000	—	—
	38 930 dr.	24 930 dr.	61 940 dr.	15 140 dr.

(1) Pour tenir compte du cycle biologique de l'olivier, il est nécessaire d'établir le budget sur deux ans, la première année étant année de production des oliviers. Remarquer qu'en année de non-production, les dépenses faites pour les oliviers sont beaucoup plus faibles, puisque l'exploitant n'effectue que de rares travaux (pas d'engrais, peu de labour).

BIBLIOGRAPHIE

Outre les documents inédits cités dans le texte, nous avons consulté

Allbaugh. L. G. Crete: A Case Study of an Underdeveloped Area. Princeton Univ. Press, 1953.

'Αποτελέσματα τῆς 'Απογραφῆς πληθυσμοῦ – κατοικιῶν τῆς 19 Μαρτίου 1961 Κρήτη Résultats du Recensement de la population et des habitations effectué le 19 Mars 1961, fascicule 10, Crète, Office National de Statistique, Athènes, 1964 (L'Office National de Statistique a bien voulu en outre nous fournir une exploitation spéciale par communes du Recensement de 1961. Qu'il en soit ici remercié).

'Αποτελέσματα τῆς 'Απογραφῆς Γεωργίας-Κτηνοτροφίας τῆς 19 Μαρτίου 1961 Κρήτη Résultats du Recensement de l'agriculture-élevage effectué le 19 Mars 1961, Volume 1, fascicule 10, Crète, Office National de Statistique, Athènes, 1964.

Calbin. L'île de Crète, Paris, 1898.

Frieseman. Description historique de l'Archipel, Neuvied, 1789.

Λαμπρινάκης. Γεωγραφία τῆς Κρήτης, Rethimnon, 1890 (en grec).

Matton R. La Crète au cours des siècles, Athènes, 1957.

Pashley R. Travels in Crete, Londres, 1837.

Raulin V. Description physique de l'île de Crète, Paris, 1869.

Savari. Lettres sur la Grèce, Paris, 1798.

Σταυράκης. Στατιστικὴ τοῦ πληθυσμοῦ τῆς Κρήτης, 1890.

Tancoigne J. M. Voyage à Smyrne, dans l'Archipel et l'île de Candie en 1811, 1812, 1813 et 1814, Paris, 1817.

Tournefort (Pitton de) Relation d'un voyage au Levant, Paris, 1717.

TABLE DES CARTES ET DES FIGURES

Cartes hors-texte

TABLE DES MATIÈRES

ACHEVÉ D'IMPRIMER
SUR LES PRESSES
DE ANTZELA
LE 30 JUILLET 1965

Bei Fragen zur Produktsicherheit wenden Sie sich bitte an:
If you have any questions regarding product safety,
please contact:

Walter de Gruyter GmbH
Genthiner Straße 13
10785 Berlin
productsafety@degruyterbrill.com